Weitere Bände der Reihe „Auf Tour“:

- Klaus-Dieter Hupke, Ulrike Ohl, Indien (ISBN 978-3-8274-2609-3)
- Armin Hüttermann, Irland (ISBN 978-3-8274-2789-2)
- Elmar Kulke, Kuba (ISBN 978-3-8274-2596-6)

Elisabeth Schmitt Thomas Schmitt

Mallorca

Auf Tour

Spektrum
AKADEMISCHER VERLAG

Autoren

PD Dr. Elisabeth Schmitt
Geographisches Institut der Justus-Liebig-Universität Gießen
Senckenbergstraße 1
35390 Gießen

Prof. Dr. Thomas Schmitt
Geographisches Institut der Ruhr-Universität Bochum
Universitätsstraße 150
44801 Bochum

Bibliografische Information der Deutschen Nationalbibliothek
Die Deutsche Nationalbibliothek verzeichnet diese Publikation in der Deutschen Nationalbibliografie; detaillierte bibliografische Daten sind im Internet über http://dnb.d-nb.de abrufbar.

Springer ist ein Unternehmen von Springer Science+Business Media
springer.de

11 12 13 14 15 5 4 3 2 1

Planung und Lektorat: Merlet Behncke-Braunbeck, Anja Groth
Redaktion: Dr. Peter Wittmann
Satz: TypoStudio Tobias Schaedla, Heidelberg
Umschlaggestaltung: SpieszDesign, Neu-Ulm
Titelfotografie: © Fotolia.com; axeldrosta
Fotos: siehe Bildnachweis
Grafiken: Graphik & Text Studio Dr. Wolfgang Zettlmeier

ISBN 978-3-8274-2791-5

Inhalt

1 Mallorca, die Insel der vielen Gesichter

Lange vor Beginn des Massentourismus war Mallorca bereits ein Anziehungspunkt für Entdecker, Abenteurer und Eroberer. Karthager, Römer, Vandalen, Mauren und Katalanen hinterließen in den letzten dreitausend Jahren ihre Spuren. Angezogen vom kulturgeschichtlichen und landschaftlichen Reiz der größten Baleareninsel wandelten seit Mitte des 19. Jh.s Künstler, Aussteiger und gut betuchte Sommerfrischler auf diesen Spuren. Mit dem wirtschaftlichen Aufstieg der mittel- und nordeuropäischen Industrieländer erfreute sich die Insel nach dem Zweiten Weltkrieg einer wachsenden Beliebtheit als Reiseziel. Seit Beginn der 1960er Jahre wird sie vor allem in den Sommermonaten alljährlich wiederkehrend von immer riesigeren Urlauberwellen förmlich überflutet. 9,7 Mio. waren es im Rekordjahr 2007 insgesamt, fast 40 % der Gäste kamen aus Deutschland. Auch und gerade die modernen touristischen „Eroberer" haben das Erscheinungsbild Mallorcas in den letzten Jahrzehnten vor allem in der Küstenregion umgestaltet und der Ferieninsel vielerorts ein völlig neues Gesicht gegeben.

Mallorca ist als Erbe seiner Entstehungsgeschichte ausgestattet mit einer verblüffenden Vielzahl sehr verschiedener Naturräume, deren unterschiedliche Rahmenbedingungen sich auch in der Vielfalt seiner traditionellen Kulturlandschaften widerspiegeln. Die zahlreichen kulturellen und wirtschaftlichen Einflüsse und Ansprüche, denen es seit der Antike bis heute unterlag, formten aus Mallorca die Insel der vielen Gesichter. Vielleicht liegt hierin das Geheimnis seiner Beliebtheit. Auf der nur 3 640 km^2 großen Insel leben bzw. urlauben in enger räumlicher Nachbarschaft so unterschiedliche Gruppen wie Hooligans und gekrönte Häupter, prominente Persönlichkeiten des internationalen Show-, Musik-, Mode- und Sportgeschäfts, Ballermanntouristen, Sonnenanbeter, Naturliebhaber und -interessierte, Kunst- bzw. Kultursuchende und -schaffende, Radsportler oder Golfspieler.

Mallorca ist einerseits das Synonym für billigen Massentourismus, für die in Betonburgen zu Stein erstarrten Urlaubsträume von Millionen Touristen. Es steht für die drei großen „S“ unter den Urlaubsmotiven: Sonne, Sex und Suff mit dem Ballermann als traurig-berühmte „Location“. Seit den 1990er Jahren versuchte die Insel ihre hässlichen Beinamen wie „Putzfraueninsel“ oder „Teutonengrill“ loszuwerden, indem sie einen teuren Qualitätstourismus etablierte und begann, zahlreiche Golfplätze und Yachthäfen anzulegen. Der Versuch war von Erfolg gekrönt, wurde aber mit einem sehr hohen Preis bezahlt, nämlich der Einbeziehung des bis dahin vom Tourismus nahezu unberührten Inselinneren in die Erschließung.

Aber trotz aller touristischen Erschließung, Überbauung und Aktivität ist sie dennoch in vielen ihrer Gebiete das geblieben, was sie vor der Entdeckung durch den Tourismus war: die Isla de la Calma, die „Insel der Ruhe“. An Windmühlen und Schafherden unter Mandel- und Feigenbaumkulturen vorbei, durch Orangen- und Olivenhaine, verträumte Dörfer, zu majestätischen Klosteranlagen und verschwiegenen Eremitagen führen die Wege ins Herz der mallorquinischen Kulturlandschaft. In der Serra de Tramuntana, dem mallorquinischen Hauptgebirge im Nordwesten der Insel, und an den steilen Felsküsten offenbart eine karge, aber grandiose Naturlandschaft ihren rauen Charme und lädt zu Entdeckungstouren ein. Dieses Gesicht der Isla de la Calma ist das

Hochhäuser, Sandstrand und Party – Playa de Palma und El Arenal

Blütenpracht im Frühjahr – Mandelbaumkultur mit Mohn und Kronen-Wucherblume

Duftende Gärten – Orangenanbau bei Fornalutx

Mallorca von Erzherzog Ludwig Salvador von Habsburg (1847–1915), Cousin des österreichischen Kaisers Franz Josef und prominenter Aussteiger seiner Zeit. Von ihm stammen die ersten systematischen Beschreibungen Mallorcas. In 22 Jahren durchaus wissenschaftlich zu nennender Recherche erstellte er ein ursprünglich aus neun Bänden bestehendes Kompendium über die Balearen. Auf seinen Beschreibungen von Geographie, Flora, Fauna und wirtschaftlichen Nutzungssystemen gründet unser Wissen über Zustand, Lebensformen und Lebensweisen des traditionellen Mallorca.

Die Ruhe war es auch und das vermeintlich milde Winterklima, die Frédéric Chopin bewogen, zusammen mit George Sand 1838 einen Winter auf Mallorca in der Karthause von Valldemossa zu verbringen. Als sie den Plan zu diesem Aufenthalt fassten, war ihnen das geographische Wissen, dass das Bergdorf – im Luv des Hauptgebirges gelegen – eher kühle und regenreiche Winter erfährt, nicht zugänglich. Immerhin verdankt die Welt dem besonders regenreichen mallorquinischen Winter des Jahres 1838 die Entstehung von Chopins weltberühmtem melancholisch-melodischen *Regentropfen-Prélude*. George Sands einige Jahre später verfasster Roman *Ein Winter auf Mallorca* ist eine ausgesprochene Liebeserklärung an die Insel, wenn auch nicht an ihre Bewohner. Das Domizil des seinerzeit wohl berühmtesten Liebespaares auf Mallorca ist heute strahlende Kultstätte und ihr Besuch ein Muss für die meisten Urlauber.

Der landschaftliche Reiz Mallorcas, die von der Insel ausgehende Inspiration und die Eigenart ihres Lichtes zogen von Anbeginn unter den Künstlern hauptsächlich Maler an. Der berühmteste war der 1893 in Barcelona geborene Joan Miró. Er ließ sich 1945 auf Mallorca nieder, wo er im Landhaus Son Abrines in Palma lebte und arbeitete. Bezogen auf Mallorca sagte er: „Ich träumte nie, wenn ich schlief. Ich träumte, wenn ich wach war", und so entstand aus dem Zauber der realen Inselwelt die an lichten Visionen und Bildträumen reiche Miròwelt. Als Magnet für Künstler aus aller Welt entpuppte sich aber nicht die Hauptstadt der Insel, sondern das pittoreske, verträumte Deià, das – seinem Namen Ehre machend (Deià, arab. von *ad daia*, „Dorf") – eine der kleinsten Gemeinden Mallorcas ist. Von Anfang der 1930er Jahre an bis zu seinem Tod im Jahr 1985 lebte und wirkte hier der Weltruf genießende englische Schriftsteller Robert Graves, Autor des verfilmten Buches *Ich, Claudius, Kaiser und Gott*. Im Gefolge von Graves, auf der Suche nach Ruhe und Inspiration, gebannt von der Schönheit und Aura des Dorfes und seiner Umgebung, lebten hier neben vielen anderen weniger bekannten Künstlerpersönlichkeiten auch Anaïs Nin, Ava Gardner, Peter Ustinov, Gabriel García Marquez und Anthony Burgess.

Vielen Deutschen ist die Ortsansicht des Künstlerdorfes bekannt als Schauplatz der Fernsehserie *Hotel Paradies*, die sicher maßgeblich dazu beigetragen

Cala Mondrago – Blaue Buchten an der Ostküste

hat, das andere Mallorca, das unverletzte, ebenmäßig schöne Gesicht der Isla de la Calma in das Bewusstsein der breiten Öffentlichkeit zu bringen – darunter auch eine Vielzahl von Menschen, die zuvor bereits mindestens einmal Urlaub auf der Insel gemacht hatten, aber nur das moderne, versteinerte Gesicht der Insel in den küstennahen Touristenzentren kennengelernt hatten.

Dieses Buch richtet sich an alle neugierigen Mallorcareisenden, an jene, die bestimmte Facetten der Insel schon aus eigener Anschauung kennen und ihre flüchtige Bekanntschaft erweitern und vertiefen möchten; und an jene, deren Fuß bislang noch nie das schillernde Kleinod im Mittelmeer betreten hat. Es nimmt sie mit auf eine Zeitreise durch die Geschichte und Geschicke der Insel. Es geht mit ihnen auf Tour durch die bezaubernde Vielfalt der Natur- und Kulturlandschaften mit ihren faszinierenden Lebensräumen, Lebensgemeinschaften und Arten. Es erzählt und erklärt die geographischen Geschichten und Fakten hinter den Gesichtern und Phänomenen der Insel. Kein zweites Fach ist so gut und umfassend wie die Geographie in der Lage, zu erklären, wie die Welt an ihren verschiedenen Orten funktioniert. In diesem Sinn ist das Buch nicht allein für „Vollblutgeographen“ und solche, die

Sprache und Zeitungen: Das wird Ihnen gar nicht Spanisch vorkommen

… denn die Muttersprache der Einwohner Mallorcas ist nicht Spanisch, sondern Katalanisch. Auch die offizielle Amtssprache in Schulen, an der Universität und allen öffentlichen Einrichtungen ist Katalanisch. Allerdings ist Spanisch, das von mehr als 90 % der Einheimischen in Wort und Schrift beherrscht wird, zweite Amtssprache und findet in der Regel sofort Anwendung, sobald die Einheimischen merken, dass ihr Gegenüber des Katalanischen nicht mächtig ist. Das ist übrigens nicht nur bei Ausländern der Fall, sondern bei den meisten auf Mallorca lebenden und arbeitenden Spaniern. Ortsbezeichnungen auf Straßenschildern und in Karten wie auch Verkehrs- und Hinweisschilder sind immer auf Katalanisch und nur manchmal zweisprachig, d. h. auch auf Spanisch. Aus diesem Grund tragen in diesem Buch alle Ortsangaben und Sachbezeichnungen in Abbildungen und Text ihre originalen katalanischen Namen.

Die katalanische Sprache ist nicht etwa ein Dialekt des Spanischen, sondern eine eigenständige, romanische Sprache. Sie entstand zwischen dem 8. und 10. Jh. in den Grafschaften der 801 von Kaiser Karl dem Großen gegründeten Spanischen Mark, jenem Teil des karolingischen Königreichs, der sich beiderseits der Pyrenäen erstreckte und von der Grafschaft Barcelona im Süden bis zur Grafschaft Roussillon im heutigen Frankreich reichte. So zeigt das Katalanische dann auch seine engste sprachliche Verbindung zum Okzitanischen in Südfrankreich. Die deutlich erkennbare Verwandtschaft zum Spanischen, Portugiesischen und Französischen ist dagegen weniger eng. Die Sprache breitete sich im 12. und 13. Jh. als Folge der Bildung des katalanisch-aragonesischen Staatenbundes nach Süden aus. Mit der katalanischen Eroberung Mallorcas durch König Jaume I. im Jahr 1229 gelangten auch die Balearen in diesen Staatenbund und das Sprachgebiet. Am Ende der

es werden wollen (z. B. Studierende, Lehrende) geschrieben, sondern für alle, die mit den Augen eines Geographen ihr Reiseziel erleben und erkunden möchten. Ob mit dem Auto oder zu Fuß: Es bringt den Entdecker in Ihnen auf Touren. Es öffnet Ihre Augen für das Warum und Wieso der Inselbesonderheiten und gestattet Ihnen so, einen Kennerblick auf den Mikrokosmos Mallorca zu werfen, sodass Sie am Ende der Tour die Qual der Wahl Ihres persönlichen Lieblingsgesichtes der Insel haben werden.

Wenn Sie sich entschließen, mit uns auf Geo-Tour durch Mallorca zu gehen, dann sei Ihnen an dieser Stelle vor Antritt der Reise noch eine Warnung mit auf den Weg gegeben: VORSICHT, SUCHTGEFAHR!

Herrschaft von Jaume I. waren die Verbreitungsgrenzen der katalanischen Sprache gesetzt. In den folgenden Jahrhunderten erlebte sie eine Blütezeit.

Der 1232 in Palma de Mallorca geborene Philosoph, Logiker und Theologe Ramón Llull, ein großer Denker und Dichter seiner Zeit, gilt als Begründer der katalanischen Literatur. Philosophische Schriften, Gedichte und Erzählungen gehören zur großen Hinterlassenschaft dieser Ausnahmepersönlichkeit, die im Kloster Sant Francesc in Palma ihre letzte Ruhestätte fand. Mit der Heirat der Katholischen Könige Ferdinand von Aragon und Isabella von Kastilien Ende des 15. Jh.s begann das Katalanische gegenüber dem Kastilischen an Bedeutung zu verlieren. Die Eingliederung Kataloniens und der Balearen in das bourbonische Königreich (1716) brachte im 18. Jh. im gesamten Staatsgebiet seine Verdrängung als Amtssprache durch das kastilische Spanisch.

Aber erst General Franco versuchte, die katalanische Sprache und Kultur während seiner Diktatur (1939–1975) auszumerzen. Die Sprache wurde völlig verbannt, verboten und ihre Benutzung – selbst das Sprechen zu Hause – unter Strafe gestellt. Orts- und Personennamen wurden ins Spanische übersetzt. Die rigorosen Maßnahmen konnten nicht verhindern, dass Eltern in jener Zeit ihre Sprache zumindest in gesprochener Form an ihre Kinder weitergaben, aber schreiben lernten diese Kinder ihre eigentliche Muttersprache nicht.

Nach dem Ende der Diktatur führte König Juan Carlos Spanien in die Demokratie. Nicht zuletzt seinem Einsatz ist es zu verdanken, dass 1979 Katalanisch als eigene Sprache anerkannt und zunächst in Katalonien zur Amtssprache erklärt wurde. 1983 folgten die Balearen und auch ein Gesetz, das Katalanisch als Hauptsprache in Schulen und Universitäten zuließ. Ein 1998 verabschiedetes Förderungsgesetz verhilft dem Katalanischen seither zu seiner größeren Verbreitung in Wirtschaft und privaten Medien. Damit ist der lange Prozess der *normalización lingüística*, der „sprachlichen Normalisierung", abgeschlossen.

2 Mallorca – eine kontinentale Insel im Mittelmeer

Die Völker der Antike hatten für das Mittelmeer keinen einheitlichen Namen, vergleichbar dem heutigen. Für sie war unser Mittelmeer einfach nur „das Meer", da es zumeist das einzige war, das sie kannten und das lange Zeit ihren geographischen Horizont und das Zentrum ihres Weltbildes bildete. Zum ersten Mal wird es in der spätrömischen Zeit im 3. Jh. nach Christus als *Mare mediterraneum* (Mittelländisches Meer) bezeichnet. Von diesem Begriff leitet sich die für das Mittelmeergebiet und seine Eigenschaften häufig verwendete Bezeichnung „mediterran" ab (z. B. Mediterrangebiet, mediterranes Klima). Der Name spiegelt seine eingebettete Lage zwischen Europa, Afrika und Asien perfekt wider. Für Leser und Nutzer dieses Buches, die an der historischen Entwicklung des Begriffes „mediterran" interessiert sind, ist die Lektüre von Hofrichter (2002) zu empfehlen, der diesen Aspekt sehr gut aufgearbeitet und interessant präsentiert hat.

Das europäische Mittelmeer ist ein weitgehend von Landmassen umschlossenes, von untermeerischen Schwellen abgegrenztes, aber durch eine schmale Meerenge, die Straße von Gibraltar, mit dem Atlantischen Ozean verbundenes Meer. Dank dieser einzigen Verbindung ist es kein Binnenmeer, sondern Teil des Weltmeersystems.

Das Mittelmeergebiet kann man in vieler Hinsicht als Raumeinheit auffassen, auf keinen Fall aber als einheitlich. Seine herausragende Besonderheit ist die außerordentliche Vielfalt in der Einheit. Trotz vieler Gemeinsamkeiten ähnelt das Mittelmeergebiet nicht nur kulturgeographisch und politisch einem überraschend wandelbaren Chamäleon. Es ist besonders auch in

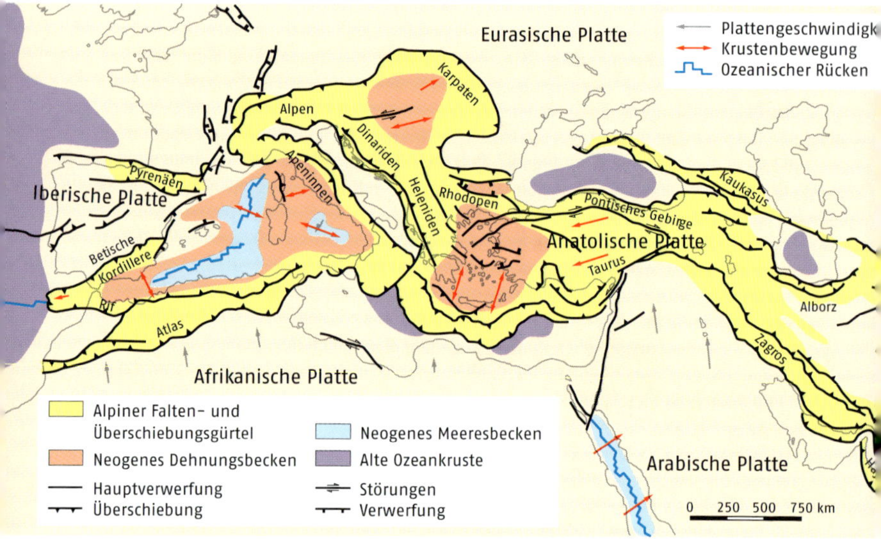

Tektonischer Überblick des westlichen Mittelmeeres

geologischer, klimatischer und biogeographischer Hinsicht ein hochdiverser, spannungsreicher Raum. Es befindet sich in der Kollisionszone der Eurasischen und Afrikanischen Platte und ist geologisch gesehen eine der komplexesten Regionen der Erde (vgl. Abb. oben).

Ein wesentliches geographisches Merkmal und ästhetisches Kennzeichen des Mittelmeerraumes ist die Auflösung des Festlandes in eine Vielzahl von Halbinseln und Inseln unterschiedlicher Größe, insgesamt etwa 5000, die oftmals zu Archipelen, Inselbögen oder Inselketten gruppiert sind. Hierdurch entstehen eine enge Verzahnung von Land und Meer und eine Küstenlänge von beeindruckenden 50000 km. Die Inseln sind gemeinsam mit den vielen Gebirgszügen rund um das mediterrane Becken Folge und Ausdruck komplexer tektonischer Vorgänge.

Mallorcas Entwicklung vom Kontinent zur Insel

Entwicklungsgeschichtlich lassen sich zwei grundlegend voneinander abweichende Inseltypen unterscheiden: Kontinentale und ozeanische Inseln. Aus biogeographischer Sicht ist diese Unterscheidung sehr wichtig.

Wichtige erdgeschichtliche Ereignisse in der Entwicklung Mallorcas

Beginn vor Mio. Jahren	System		Serie	Mallorca
0,01	Quartär		Holozän	ab 3000 v. Chr. erste menschliche Besiedlung
2,6			Pleistozän	
5,3	Tertiär	Neogen	Pliozän	3,2 Mio. mediteranes Klima 5,3 Mio. Flutung des Mittelmeeres
23,8			Miozän	6 Mio. Messinische Salinitätskrise 15 Mio Trennung vom Festland
33,7		Paläogen	Oligozän	
54,8			Eozän	
65,0			Paläozän	
98,9	Kreide		Oberkreide	
142,0			Unterkreide	100 Mio. Beginn alpidische Faltung Entstehung des Mittelmeeres

Kontinentale Inseln sind Teile ehemaliger Kontinente, die im Lauf der Erdgeschichte entweder durch plattentektonische Prozesse von diesen abgetrennt wurden wie Mallorca und die anderen Balearischen Inseln, Korsika, Sardinien, Kreta und Zypern. Oder aber sie waren zumindest einmal über Landbrücken mit dem Festland verbunden, die dann durch einen Meeresspiegelanstieg überflutet wurden. Im letzteren Fall entstanden Inseln, die heute durch relativ enge Flachwasserstraßen vom Festland getrennt sind wie beispielsweise Rhodos und Elba.

Ozeanische Inseln sind dagegen durch Vulkanismus (z. B. Kanarische Inseln und Hawaii) entstanden oder aus Korallenriffen (z. B. Malediven) hervorgegangen und waren dementsprechend niemals mit dem Festland verbunden. Der wesentliche Unterschied zwischen beiden Typen ist, dass kontinentale Inseln zum Zeitpunkt ihrer Abtrennung bereits einen Bestand an Pflanzen- und Tierarten hatten, der große Ähnlichkeiten zu dem des Festlandes besaß, während auf den neuentstandenen ozeanischen Inseln eine Erstbesiedlung noch erfolgen musste.

Bis auf ganz wenige Ausnahmen, wie z. B. die Vulkaninsel Stromboli, zählen alle mediterranen Inseln zu den kontinentalen Inseln.

Mallorca existiert als Landmasse bereits seit dem Alttertiär, d. h., es wurde seit mindestens 40 Mio. Jahren nicht mehr vollständig vom Meer überflutet (vgl. Tabelle oben). Es ist die größte Insel des Balearenarchipels, zu dem auch

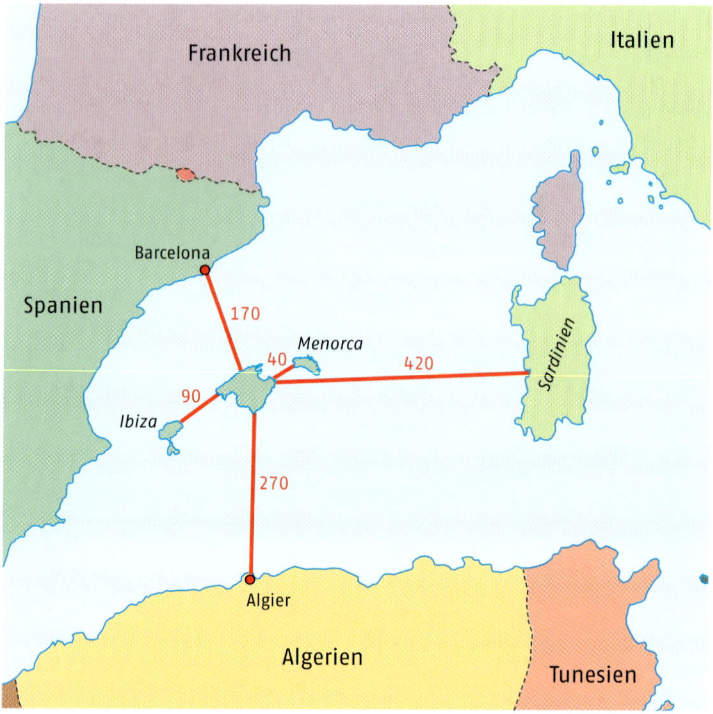

Räumliche Lage Mallorcas und Entfernungen (km) zum Festland und zu Nachbarinseln

Menorca, Ibiza, Formentera und eine Vielzahl winziger, meist namenloser und unbewohnter Inselchen zählen.

Mit einer Fläche von 3640 km^2 würde Mallorca sieben Mal in Sizilien passen und ist doch fünf Mal so groß wie ihre Nachbarinsel Menorca. Ihre längste Ausdehnung erreicht sie entlang ihrer Nordflanke, 110 km liegen zwischen San Elm im Nordwesten und dem Cap Formentor im Nordosten. An ihrer breitesten Stelle misst sie ca. 90 km. Mallorca liegt zwischen dem 39. und 40. Breitengrad, etwa 170 km vom spanischen Festland und 270 km vom afrikanischen Kontinent entfernt (vgl. Abb. oben). Seine Entstehung und seine heutigen Oberflächenformen lassen sich nicht losgelöst von der Entstehung des Mittelmeerraumes verstehen oder erklären. Deshalb begeben wir uns auf eine Zeitreise, zurück zu den bewegten erdgeschichtlichen Anfängen des Mittelmeergebietes, die auch dem geologischen Laien ein –

wenn auch sehr stark vereinfachtes – Bild seiner hoch komplizierten Genese vermittelt.

Am Ende des Erdaltertums waren alle Kontinente in einem Superkontinent vereint. Dieser „Urkontinent", wie Alfred Wegener ihn bezeichnete, trägt in der modernen Wissenschaft den Namen Pangäa. Unser heutiges Mittelmeer war bereits vor 600 Mio. Jahren, also noch vor Beginn des Paläozoikums, auf einer Schwächezone dieses alten Superkontinentes angelegt (Hofrichter 2002). Genau entlang dieser Schwächezone brach Pangäa zu Beginn des Erdmittelalters (Mesozoikum), in der Trias (vor etwa 200 Mio. Jahren), durch plattentektonische Prozesse auf. Bis zum mittleren Jura (vor 180 Mio. Jahren) bildeten sich zwei völlig voneinander losgelöste, auseinander driftende Kontinente: ein Nordkontinent, namens Laurasia, dem Europa, Asien (ohne Indien) und Nordamerika angehörten, und ein Südkontinent namens Gondwana, zu dem Afrika, Australien, Indien und die Antarktis gehörten. Zwischen ihnen entstand ein Ozeanbecken, die riesige Tethys, ein Vorläufer des europäischen Mittelmeeres. Dort lagerten sich gewaltige Sedimentschichten ab, die einen großen Teil des geologischen Baumaterials des Mittelmeergebietes ausmachen.

Die Ablagerung dieses Baumaterials in den Tiefen des damaligen Ozeans hielt an, bis es an der Wende von Unterkreide zu Oberkreide, vor ca. 100 Mio. Jahren, wieder zu einschneidenden Veränderungen kam. Nord- und Südkontinent zerfielen in die heutigen Kontinente. Die auseinanderstrebende (divergente) Bewegung von Afrika und Eurasien hörte auf, und es setzte eine Umkehrbewegung ein: Afrika mit der arabischen Halbinsel bewegte sich nach Norden auf Eurasien zu, und Eurasien seinerseits driftete südwärts gen Afrika. Diese aufeinander zu gerichtete (konvergente) Bewegung verkleinerte das Urmeer zunehmend, und die mittlerweile mehrere Tausend Meter mächtigen marinen Sedimentschichten wurden zusammengedrückt, gegeneinander verschoben und zu Gebirgen aufgefaltet. Kleinere Krustenblöcke brachen von den Rändern der Kontinente ab und bildeten Mikrokontinente bzw. mikrotektonische Platten. Die Entstehung des Mittelmeergebietes in seiner heutigen Erscheinung geht auf ein andauerndes dynamisches Verschieben von kleineren und größeren tektonischen Platten zurück, das zum Entstehen von Inselketten, Gebirgszügen, Meeresbecken und Tiefseegräben geführt hat. Ausgelöst durch die immensen Kräfte der Kollision von afrikanischer und eurasischer Kontinentalplatte entstanden zeitgleich mit anderen europäischen (Alpen, Karpaten) und asiatischen (Himalaya, Kaukasus) Faltengebirgen auch die Gebirgszüge rund um das Mittelmeerbecken, darunter die Betische Kordillere mit dem Mulhacén (3 482 m) als höchste Erhebung der Iberischen Halbinsel. Auch Mallorca entstand gemeinsam mit den Baleareninseln Ibiza und Menorca während dieser sog. alpidischen Gebirgsbildungsphase, indem es aus dem Urozean herausgehoben wurde. Es war ursprünglich Teil der Betischen Kordillere und durchlief die stärkste orogenetische (gebirgsbildende) Phase im mittleren Miozän (vor ca. 15 Mio. Jahren). In dieser Zeit bildeten sich die beiden charakteristischen Gebirgszüge der Insel, die Serra de Tramuntana und die Serres de Llevant. Sie repräsentieren mit ihren von Nordost nach Südwest verlaufenden Horsten und Grabenstrukturen die lokale tektonische Besonderheit Mallorcas. Im Querschnitt verkleinerte sich im Zuge der Auffaltung die Inselfläche um 44 % (Gibbons & Moreno 2002). Etwa zeitgleich erfolgte ebenfalls im mittleren Miozän durch die Ausbildung des bis zu 1 900 m tiefen Valencia-Troges die tektonische Trennung Mallorcas, Ibizas und Menorcas von der Iberischen Halbinsel.

Als das Mittelmeer zur Salzwüste wurde

Vor ca. 12 Mio. Jahren, so schätzen Wissenschaftler, wurde durch die Kollision von Afrika mit Asien die einst bestehende östliche Verbindung des Mittelmeeres mit dem Indischen Ozean geschlossen (Hofrichter 2002). Die noch verbliebene, durch das Zusammendriften von Afrika und Europa ohnehin immer enger werdende westliche Verbindung mit dem Atlantik unterlag vor ca. 7 Mio. Jahren durch tektonische Prozesse einer weiteren Einengung und schließlich ihrer Schließung (vgl. Abb. unten). Das nunmehr

Reliefkarte des Mittelmeeres im Spätmiozän (vor 7 Mio. Jahren)

Spuren einer Salzwüste unter dem Meer?

Im August 1970 startete eine groß angelegte Bohrkampagne zur Erkundung der Sedimente am Grund des Mittelmeeres. Dazu wurde eigens ein Schiff, die Glomar Challenger, entwickelt. Es war mit 11 000 Tonnen Wasserverdrängung das einzige Schiff seiner Art, das in der Lage war, 6 000 m unter dem Meeresspiegel noch ein 1 000 m tiefes Bohrloch niederzubringen. Sein Bohrturm hielt Belastungen von einer halben Million Kilogramm aus, das ist das Gewicht von mehr als 7 000 m Bohrgestänge (Hsü 1984). Südöstlich von Mallorca gelang den Wissenschaftlern in einer Bohrtiefe von 3 000 m zum ersten Mal auch der gesicherte Nachweis, dass es sich bei den seltsamen Ablagerungen am Grund des Mittelmeerbodens tatsächlich um Sedimente handelt, die ausschließlich auf ariden (wüstenartig trockenen) Küstenebenen entstehen. Die wissenschaftliche Sensationsnachricht war perfekt: In einer jüngeren Epoche der Erdgeschichte fiel das Mittelmeer als Ganzes trocken und verwandelte sich in eine heiße Salzwüste 3 000 m unter dem heutigen Meeresspiegel:

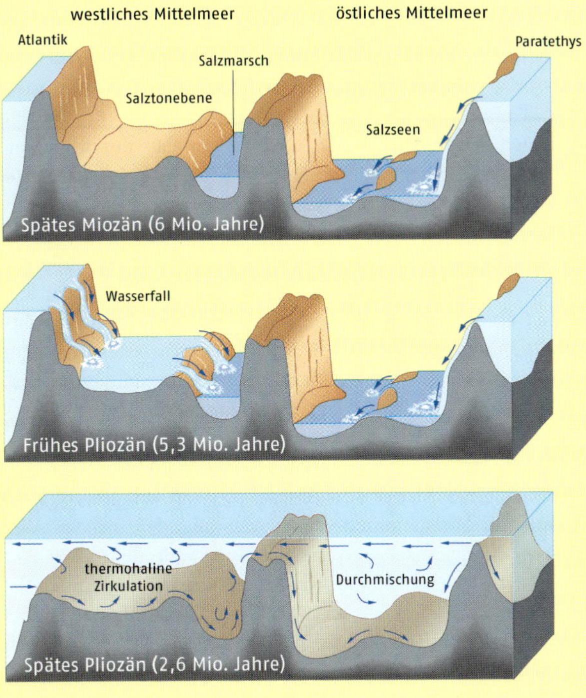

Modell der Austrocknung und Flutung des Mittelmeeres an der Wende vom Miozän zum Pliozän

abgeschlossene Mittelmeerbecken trocknete vor 6 Mio. Jahren unter den damals im späten Miozän deutlich wärmeren Klimabedingungen als heute innerhalb von 1000 Jahren völlig aus (Blondel & Aronson 1999). Belege für diese Katastrophe sind mächtige Schichten von abgelagerten Evaporiten am Meeresboden, mit einer ungewöhnlichen darin eingeschlossenen fossilen, besonders salztoleranten und winzigen Muschelfauna. Evaporite sind Sedimentgesteine, die ihre Entstehung der Verdunstung (Evaporation) von Meerwasser verdanken, und die im Bereich Mallorcas darin enthaltenen Muscheln sind typische Zwergformen von Arten, deren natürlicher Lebensraum flache Küstenlagunen sind. Zum ersten Mal von Paläontologen entdeckt wurden diese Schichten im Jahr 1880 in der Nähe der italienischen Stadt Messina. Lange Zeit hielt die Wissenschaft sie jedoch für ein lokales Phänomen, und ihre Entstehung blieb umstritten. Erst ein ehrgeiziges, sich auf das gesamte Mittelmeer erstreckende Tiefseebohrprogramm erwies, dass die Evaporitablagerungen weite Bereiche des Mittelmeerbodens bedecken. Diese regelrechten Salzlagerstätten erreichen im Balearischen Becken beispielsweise eine Mächtigkeit von mehr als 1000 m.

Benannt nach der Stadt der ersten Evaporitfunde trägt diese erdgeschichtliche ökologische Katastrophe des Mittelmeeres in der Wissenschaft den Namen „Messinische Salinitätskrise". Diese Krise dauerte insgesamt etwa 1 Mio. Jahre an. Unterbrochen wurde sie von verschiedenen kürzeren Phasen mit geringfügigem Meeresspiegelanstieg, vor allem aber durch die sog. intermessinische Transgression, die vorübergehend zu einer Wiederauffüllung des Meeresbeckens führte. Mallorca war in der Zeit, als das Mittelmeer eine Wüste zwischen den Kontinenten war, wieder über Land mit dem iberischen Festland verbunden. Aus biogeographischer Sicht war dies von außerordentlicher Bedeutung. Die Vorstellung mag uns schwerfallen, dass ein höheres Lebewesen, egal ob Pflanze oder Tier, den Weg über die Salzwüste in die eine oder andere Richtung geschafft haben sollte. Die Wissenschaft geht heute aber davon aus, dass sich die Säugetierfauna Mallorcas aus vom Festland stammenden Vorfahren entwickelt hat, die während der Messinischen Salinitätskrise von dort auf die Balearen eingewandert sind.

Vor ca. 5,3 Mio. Jahren öffnete sich die Straße von Gibraltar. Das rasch vom Atlantik mit einer Menge von 65 km^3 pro Tag (Blondel & Aronson 1999) zuströmende Wasser stürzte nach Meinung der meisten Wissenschaftler über einen gigantischen Wasserfall bis zu weit mehr als 3000 m in die Tiefe des Salzbeckens und füllte das Mittelmeer in nur hundert Jahren vollständig wieder auf (vgl. Abb. S. 17). Jüngste Forschungen lassen zwar Zweifel an der Existenz dieses Wasserfalls aufkommen (Garcia-Catellanos et al. 2009), aber niemand zweifelt daran, dass die Wiederauffüllung des Mittelmeeres sintflutartig und binnen kürzester Zeit erfolgte. Davon zeugen die über den Evaporiten abgelagerten Mergelschichten und die in ihnen erhaltenen Fossilien einer Foraminiferenfauna, die nur in tieferen Meeren mit normalen Salzgehalten gedeihen kann. Foraminiferen sind eine große, vielgestaltige Gruppe von einzelligen, amöbenartigen Lebewesen, die komplex gekammerte Gehäuse zu ihrem Schutz ausbilden. Die oft aus Kalk bestehenden Gehäuse künden dann nicht selten als Fossilien von ihrer einstigen Existenz und ihren Lebensbedingungen.

Das Ende der Messinischen Salinitätskrise und die Regeneration des Mittelmeeres bedeuteten für Mallorca den endgültigen Verlust seiner Landverbindung zum Kontinent. Das sollte sich bis zum heutigen Tag nicht mehr ändern, selbst während der Eiszeiten im Pleistozän nicht, obwohl hier der Meeresspiegel weltweit absank, da große Teile des Wassers in den Eis- und Schneemassen der Gletscher und Eisschilde gebunden waren. Auch der Wasserspiegel des Mittelmeeres sank so drastisch (um 100 m, kurzfristig sogar um 200 m) ab, dass vor etwa 15 000 Jahren die gesamte Nordadria sich noch einmal in trockenes Land verwandelte. Auch die flachen Schelfbereiche rund um das Mittelmeer fielen trocken, und vielfach entstanden Landbrücken, die die Inseln wieder mit dem Festland verbanden. Nicht so im Falle Mallorcas und der Balearen: Der bis zu 1 900 m tiefe Valencia-Trog, der die Balearen vom Festland trennt, war nicht von Austrocknung bedroht. Allerdings kam es sehr wahrscheinlich mehrfach zur Bildung einer Landbrücke zwischen Mallorca und Menorca (Cardona & Contandriopoulos 1979). An dem Inselcharakter Mallorcas änderte dies jedoch nichts. Damit ist Mallorca seit nunmehr über 5 Mio. Jahren eine kontinentale Insel im Mittelmeer. Für die Besiedlung der Insel durch Tier- und Pflanzenarten und die spätere Inbesitznahme als Lebensraum durch den Menschen ist dies ein bedeutender Umstand.

Die Kolonisation Mallorcas durch Pflanzen und Säugetiere

Neben der wechselvollen geologischen Entstehung der Mittelmeerregion und der Abtrennung Mallorcas vom Festland hat die Klimaentwicklung in der Erdgeschichte einen wesentlichen Einfluss auf die Ausbildung der mallorquinischen Flora und Fauna. Fast während des gesamten Tertiärs, vor Beginn der Messinischen Salinitätskrise, herrschten im Mittelmeergebiet tropische Klimabedingungen, die langsam umschlugen in zunehmend heißtrockene Verhältnisse während der Salinitätskrise. Nach ihrem Ende dominierte für 2 Mio. Jahre erneut ein warmes, sommerfeuchtes Klima. Eine Rekonstruktion der Vegetationsbedingungen in dieser Zeit lässt auf die

Verbreitung immergrüner, hartlaubiger und breitblättriger Lorbeerwälder schließen, vergleichbar den heutigen Wäldern in Südostchina und den in Resten noch vorhandenen Lorbeerwäldern auf den Kanarischen Inseln.

Im Pliozän, vor ca. 3,2 Mio. Jahren, begann sich das Klima im Mediterranraum erneut zu verändern. Ein Trend zu kühleren Temperaturen machte sich bemerkbar, mit gravierenden Folgen. Im Verlauf von 400 000 Jahren wurde das ganzjährig feuchtwarme Klima allmählich abgelöst von einem alternierenden Klima mit warmen, trockenen Sommern und kühleren, feuchten Wintern. Vor 2,8 Mio. Jahren hatte sich das Klima, das wir heute als typisch mediterran bezeichnen, im gesamten Mittelmeerraum etabliert (Suc 1984).

Die Ursprünge von Flora und Fauna auf Mallorca sind wesentlich älter als das mediterrane Klima. Sie entwickelten sich bereits im Oligozän auf den im Zuge der Kollision von Afrika und Europa entstandenen tektonischen Mikroplatten (Quézel 1985). Das floristische und faunistische Basisinventar Mallorcas, so wie das aller anderen kontinentalen Inseln im Mittelmeer, war also zur Zeit der Abtrennung vom Festland bereits vorhanden. Entsprechend des im Oligozän herrschenden Klimas waren diese Ursprünge tropischer Natur. Aus den immergrünen Tropenbäumen entwickelten sich bedingt durch Klimaveränderungen im ausgehenden Tertiär Arten, die in Lebensform und -rhythmus an trockenere und kühlere Lebensbedingungen angepasst waren. Aus tropischen Familien stammende typische Vertreter der gegenwärtigen mallorquinischen Flora sind beispielsweise die Zwergpalme (*Chameops humilis*) und der Mastixstrauch (*Pistacia lentiscus*). Mit der Abtrennung vom Festland und dem vorhanden Basisinventar an Pflanzen- und Tierarten war die Entwicklungsgeschichte von Flora und Fauna auf Mallorca jedoch nicht abgeschlossen. Ihre Artenzusammensetzung sollte von diesem Zeitpunkt an bis heute noch einschneidende Veränderungen verzeichnen. Viele der bereits vorhandenen Pflanzenarten wurden auch weiterhin von den klimatischen Ereignissen in ihrer Entwicklung und Verbreitung wesentlich beeinflusst. Als während der Eiszeiten im Mittelmeerraum ausgesprochene Trockenphasen auftraten – die älteste dieser Trockenphasen wird auf ca. 2,3 Mio. Jahre datiert (Suc 1984) –, erfuhren die heute für Mallorca und das westliche Mittelmeergebiet charakteristischen Trockenheit ertragenden Pflanzenarten wie Ölbaum, Steineiche, Steinlinde und Mastixstrauch einen deutlichen Entwicklungs- und Ausbreitungsschub. In der Folge war Mallorca in den vergangenen 2 Mio. Jahren von Natur aus überwiegend bewaldet. Gebüschformationen waren ursprünglich nur auf Sonderstandorten ausgebildet.

Auch die gegenwärtige Fauna Mallorcas ist ein erdgeschichtliches Erbe. Während der Salinitätskrise ist es Tierarten gelungen, die heiße Salzwüste vom Festland aus zu überqueren und in Mallorca einzuwandern – darunter auch die Vorfahren von Ziegen der Gattung *Myotragus* (Palombo et al.

2006). Mit einer Schulterhöhe von 60 cm und einem Gewicht von 70 kg waren sie die größten Säugetiere, die nach der Isolierung Mallorcas als Insel und vor der Ankunft des Menschen jemals hier lebten. Der letzte von insgesamt fünf Vertretern dieser Gattung, die sich im Verlauf der Erdgeschichte aus diesen Vorfahren auf Mallorca und Menorca entwickelten, war *Myotragus balearicus* (vgl. Abb. unten). Im Vergleich zu Ziegenarten des Festlandes zeichneten sie sich durch Kleinwüchsigkeit (Nanismus) aus. Nanismus ist

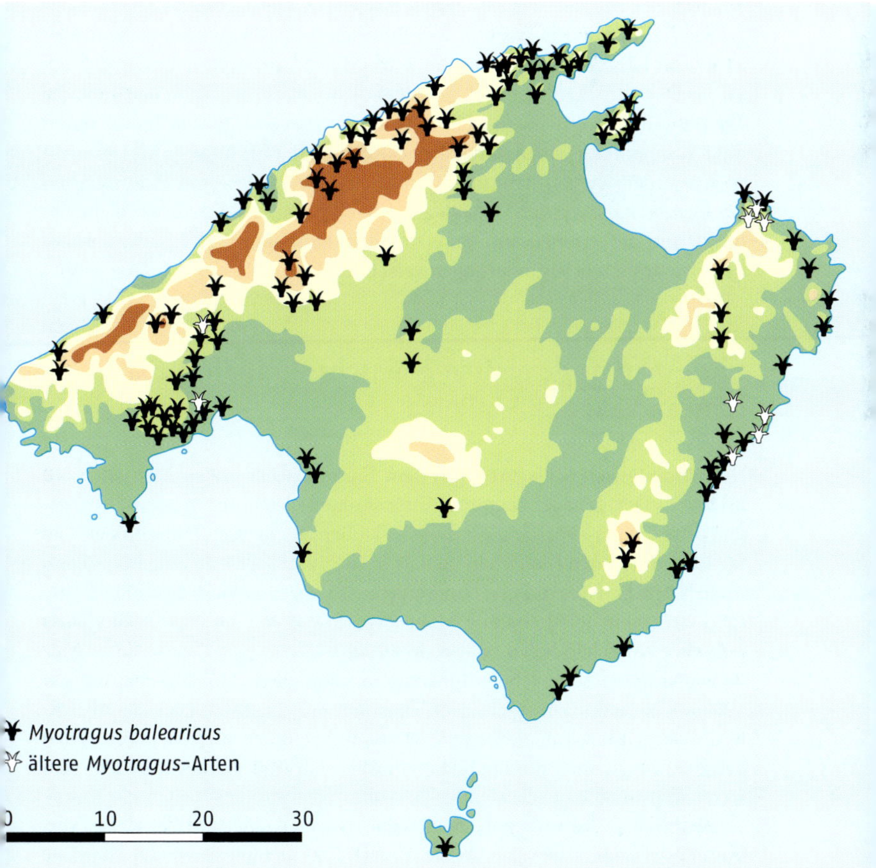

Myotragus-Fundorte auf Mallorca

ein typisches Inselphänomen und eine Anpassung an nur begrenzt vorhandene Nahrungsressourcen. Ihre einstige Existenz wurde erst 1908 durch Knochenfunde eines Archäologenteams in der Höhle Cova de Muleta zwischen Deià und Sóller entdeckt. Daneben existierten nur noch zwei kleinere Säugetiere: eine Insektenfressende Spitzmaus (*Asoriculus hidalgoi*) und eine Haselmaus (*Eliomys morpheus*). Ausgesprochene karnivore Raubtiere fehlten völlig, sodass Wachstum, Größe und Fortbestand der verschiedenen Tierpopulationen ausschließlich durch das Nahrungsangebot reguliert wurden (Bover & Alcover 2008).

Das Pleistozän ist weltweit durch einen mehrfachen Wechsel des Klimas gekennzeichnet. Dem Wechsel von Eiszeiten und Warmzeiten in den mittleren und höheren Breiten entsprach im Mittelmeerraum hauptsächlich ein Wechsel von trockeneren und feuchteren Klimaperioden, in denen auch die Temperaturen in gewissem Maß sanken und stiegen. Auf den Inseln waren diese Klimaumschwünge durch die ausgleichende Wirkung des Meeres nicht so gravierend wie auf dem mediterranen Festland. Tier- und Pflanzenarten des Eiszeitalters wurden daher von den klimatischen Kapriolen nicht bedroht, und die Artenzusammensetzung von Flora und Fauna blieb in dieser Zeit von größeren Veränderungen verschont.

Die Ankunft der ersten Menschen – südfranzösische Einwanderer auf Mallorca

Dies änderte sich schlagartig mit dem Eintreffen der ersten Menschen auf Mallorca. Der genaue Zeitpunkt ihrer Ankunft ist unter Wissenschaftlern umstritten. Ältere Forschungsarbeiten glauben an eine sehr frühe Besiedlung der Insel durch den Menschen im 8. Jt. v. Chr., zumindest an eine Besiedlung im 6. Jt. v. Chr. Neuere Forschungsergebnisse zeigen jedoch, dass eine relativ späte menschliche Besiedlung Mallorcas im 3. Jt. v. Chr. (vgl. Abb. rechts) sehr viel wahrscheinlicher ist (Alcover 2008).

Die ersten Siedler lebten zunächst in natürlichen Höhlen, schufen um 1800 v. Chr. dann künstliche Höhlenbauten und Hütten, bevor sie ab 1500 v. Chr. begannen, mit den sog. Navetes auf Mallorca und Menorca Steinbauten zu errichten, die deutliche Hinweise auf ihre Herkunft geben. Ihre architektonische Bauweise hat große Ähnlichkeit mit den Bauten der Kultur von Fontbuisse im östlichen, mediterranen Languedoc und der damit verwandten rhodano-provenzalischen Kultur. Die architektonischen Gemeinsamkeiten lassen darauf schließen, dass die Einwanderer ursprünglich aus Südfrankreich, aus dem Gebiet westlich der Rhone und östlich des Flusses

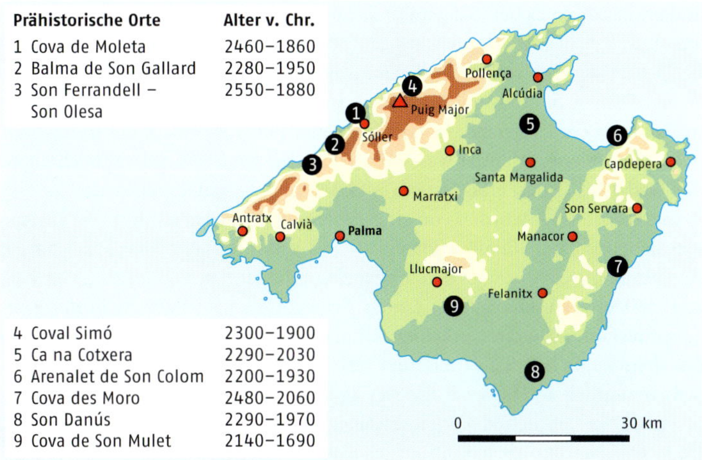

Früheste radiokarbondatierte Siedlungsspuren auf Mallorca

Hérault stammten. Bei den Navetes handelt sich um U-förmige oder ovale Gebäude, die an einen umgedrehten Schiffsrumpf erinnern. Sie sind in besonderer Bautechnik, der Zyklopentechnik, aus riesigen Gesteinsquadern aufgebaut, deren Zwischenräume mit kleineren Steinen und Tonmaterial verfüllt sind. Diese steinernen Zeugen der ersten Inselkultur bildeten den Mittelpunkt der Wohnplätze und hatten Kultcharakter, u. a. möglicherweise als Beinhäuser. Das zeigt die Naveta des Tudons auf Menorca, die Skelettteile von mehr als 50 Menschen enthielt. Die südfranzösischen Neuankömmlinge lebten in kleinen Stammesgemeinschaften und betrieben vornehmlich Ackerbau und Viehzucht. Sie bildeten eine isolierte Lebens- und Kulturgemeinschaft mit nur begrenztem Austausch und Verbindung zum Festland oder anderen mediterranen Inseln (Alcover 2008).

Als wichtigste Hinweise und Beweise für den Zeitraum ihrer Ankunft führen Archäologen an, dass im 3. Jh. v. Chr. die lokalen Säugetierarten ausstarben, einschneidende Vegetationsveränderungen stattfanden, eine deutliche Zunahme von Holzkohle in den Sedimenten jener Zeit festzustellen ist und Kulturmarker wie Tonscherben und Werkzeugfragmente vor diesem Jahrtausend völlig fehlen. Der früheste wissenschaftlich gesicherte Beweis für die Anwesenheit von Menschen datiert auf das Jahr 2030 v. Chr. Höchstwahrscheinlich liegt ihre Ankunftszeit zwischen 2350 und 2150 v. Chr., also in der frühen Bronzezeit (Alcover 2008). *Myotragus balearicus* starb wie alle anderen einheimischen Säugetiere der Insel zwischen 2350 und 2040 v. Chr. aus. Sein rasches Aussterben in nur 150 Jahren geht mit ziemlicher Sicherheit hauptsächlich auf die Jagd durch die ersten angekommenen Menschen zurück (Bover & Alcover 2002). Seine Jagd war für den Menschen ein leichtes Spiel, da die Ziege aus vorgeschichtlicher Zeit vermutlich ein wenig temperamentvoller Kaltblütler war. Die übrigen Säuger fielen entweder ebenfalls der Jagd zum Opfer, erlagen vom Menschen eingeschleppten neuen Krankheitserregern oder wurden von eingeschleppten, z. T. verwandten Wildtieren wie Siebenschläfer (*Eliomys quercinus*) und Waldmaus (*Apodemus sylvaticus*) verdrängt. Auch die von den Erstankömmlingen mitgebrachten domestizierten Tiere (Hunde, Schafe, Ziegen, Schweine) können zur Ausrottung der Säugetierfauna beigetragen haben. Klimatische Ursachen für das Aussterben der ursprünglichen Säugetierfauna sehen Wissenschaftler dagegen als nicht wahrscheinlich an (Bover & Alcover 2008).

Auch die deutlichen Veränderungen in der Flora Mallorcas seit dem 3. Jh. v. Chr. werden dem Einfluss des Menschen zugeschrieben, obwohl die gleichzeitige Verschiebung des Klimas zu trockeneren Verhältnissen sicherlich auch nicht ohne Wirkung auf die Pflanzendecke blieb (Pérez-Obiol et al. 2003). Mit seiner Ankunft wurde die Isolationsbarriere des Mittelmeeres durchbrochen und der Weg vor allem für Samenpflanzen freigemacht für den Sprung vom europäischen Festland als Herkunftsort der erstbesiedelnden Menschen nach Mallorca. Natürlich kam es hier auch zur Verdrängung von originären mallorquinischen Arten durch konkurrenzkräftigere festländische Arten. Für die Flora sehr viel bedeutender als solche Verdrängungsprozesse war jedoch die von den Anfängen der Besiedlungsgeschichte bis zur Mitte des 20. Jh.s andauernde Bereicherung der Pflanzenvielfalt durch den seefahrenden und Handel treibenden Menschen. Der Botaniker Werner Greuter nimmt an, dass auf Mallorca – so wie auf Kreta und den anderen mediterranen Inseln – etwa ein Drittel der gegenwärtigen Wildpflanzen vom Menschen unabsichtlich eingeschleppt wurden (Greuter 1995). Hinzu kommen die wissentlich eingeführten Kulturpflanzen, über deren Zeitpunkt der Einbringung und Ausbreitung keine gesicherten Erkenntnisse vorliegen. Für Mallorca ist selbst der Zeitpunkt des ersten Auftretens von Kulturpflanzen unbekannt. Für Menorca gilt aber als gesichert, dass im 2. Jt. Weinrebe und Feigenbaum auftraten. Früheste Nachweise von agrarischen Einflüssen im westlichen Mittelmeergebiet sind kultivierte Oliven aus der Bronzezeit (Terral et al. 2004). Für die gleiche Zeit stellten Forscher auf Mallorca die Ausbreitung von Oliven- und Steineichenwäldern fest, was als eine Folge erster Kultureinflüsse gewertet wird. Mit der sich ausdehnenden Landnutzung konnten sich zunehmend Offenlandarten ansiedeln und ausbreiten (Blondel 2008).

Eroberungs- und Handelsaktivitäten führten zahlreiche Völker aus dem ost- und westmediterranen Raum, von Inseln und dem Festland Europas und Afrikas nach Mallorca. Im Schlepptau ihrer Schiffe und in ihrem Gepäck brachten sie aus ihren Herkunftsgebieten Pflanzen und Samen als blinde Passagiere mit. Auf diese Weise wurde die Flora Mallorcas zu einem Schmelztiegel für pflanzliche Einwanderer verschiedenster Herkunft.

3 Naturräumliche Rahmenbedingungen des Lebens auf der Insel

Die Inseln des Mittelmeergebietes sind Mikrokosmen, die hinsichtlich ihrer geologischen Verhältnisse und Oberflächenformen und damit auch in ihren klimatischen Raummerkmalen sehr stark voneinander abweichen und auf diese Weise vielfältige Lebens- und Entwicklungsmöglichkeiten für Natur und Mensch bieten können.

Mallorca ist hierfür ein eindrucksvolles Beispiel. Kaum eine andere Mittelmeerinsel vereint in sich diese fast symphonische landschaftliche Vielfalt. In ihren Grundzügen und -formen, geschaffen durch die bewegte geologische Entstehungsgeschichte, konturierten über Jahrmillionen zunächst das Klima und seine Naturgewalten die großen Landschaftsformen. Einem Setzbaukasten gleich ist die Insel ausgestattet mit Gebirgen (Serra de Tramuntana), Hügelländern (Serres de Llevant) und Ebenen (Es Pla), mit imposanten Steilküsten, malerischen Felsbuchten und ausgedehnten Naturstränden aus weißem Sand (vgl. Abb. S. 28). Eine Vielzahl von Kulturen nahmen Mallorca von prähistorischer Zeit bis heute in Besitz, fassten für kurz oder lang hier Fuß. Entsprechend den Anforderungen ihrer Epoche nutzten sie die Insel als Lebensraum und veränderten und vervielfältigten mit ihren jeweiligen kulturell-technischen Fähigkeiten das naturgegebene Erscheinungsbild der Landschaft zu ihren Zwecken. Sie waren es, die der Insel ihren Feinschliff und ihr mosaikartiges Äußeres gaben.

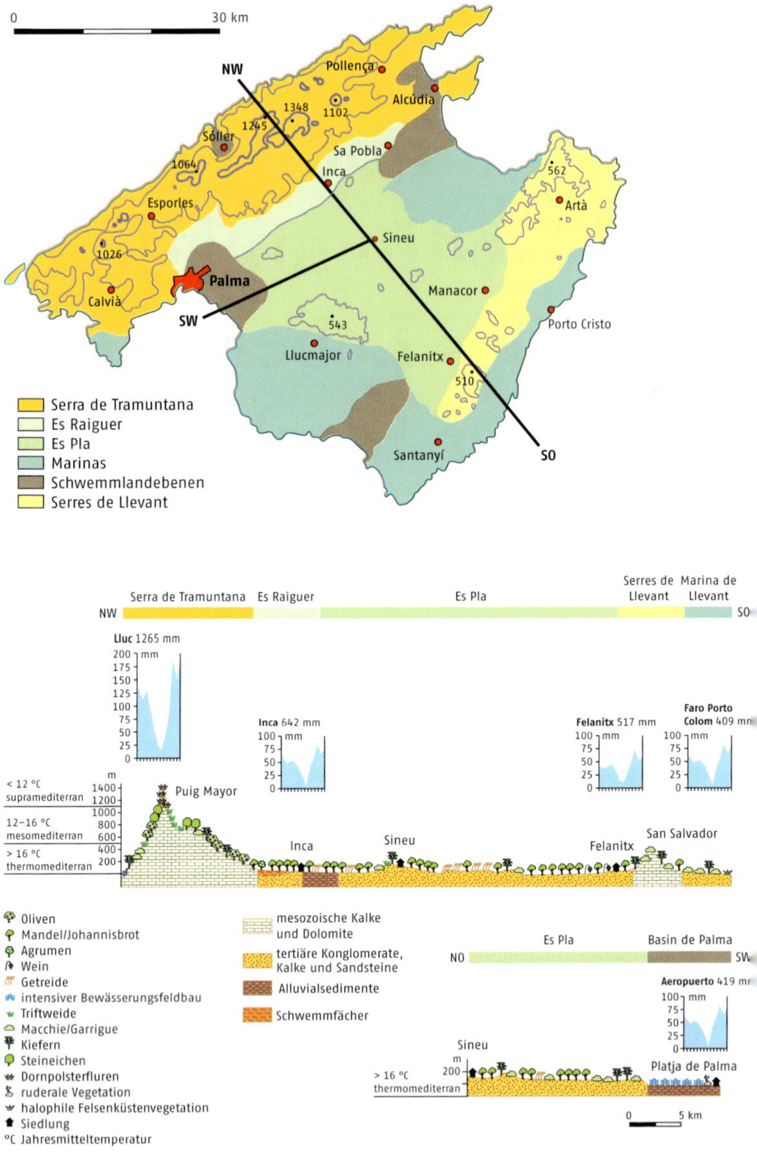

Landschaftsräume Mallorcas

Die Serra de Tramuntana

Die Serra de Tramuntana ist Teil eines Faltengebirgssystems, das sich unter dem Meer weiter nach Westen und dann in der südspanischen Betischen Kordillere fortsetzt (Jenkyns et al. 1990). Sie erstreckt sich von Südwest nach Nordost auf einer Länge von 90 km und in einer Breite von 15 km. Im Norden und Nordwesten der Insel, wo der Gebirgskörper unter den Meeresspiegel absinkt, bildet er eine eindrucksvolle Fels- und Steilküstenlandschaft. Besonders schwindelerregend ist der Steilabfall im östlichen Gebirgsabschnitt, im Bereich der Halbinsel Formentor.

Am Cap Formentor, dem nordöstlichen Ende Mallorcas, stürzt die Insel förmlich in die Tiefen des Mittelmeeres. Nirgends sonst merkt der Besucher so deutlich, dass er an einem Endpunkt steht wie am Cap selbst und an den exponierten Felsrücken seiner Halbinsel. Hier prallen die Winde aus allen Himmelsrichtungen auf das ungeschützte Land und peitschen das Meer auf, das tosend an die Felsen brandet. Wind und Meer hinterlassen ihre bizarren Spuren, und doch widerstehen die harten Kalkfelsen seit Jahrmillionen ihren Angriffen. Mit großem Respekt vor ihrer Kraft gaben die Einheimischen

Halbinsel Formentor vom Aussichtspunkt „Mirador d'Es Colomer“

den sich hier treffenden Winden Namen. Sie sprechen von den vier großen Windbrüdern Tramuntana, Ponent, Migjorn und Llevant, von ihren Cousins Gregal, Mestral, LLebetx und Xaloc, und kennen dabei die einzelnen Mitglieder der Familie sehr genau.

Die Cousins kommen seltener, und wenn, dann bringen die Südwinde LLebetx (aus Südsüdwest) und Xaloc (aus Südsüdost) Wärme und Feuchtigkeit. Der erste weht sie von den Azoren her über Mallorca, der zweite bringt aus Marokko feuchte Sommerhitze oder Winterregen und nicht selten auch den roten Wüstensand, mit dem er Mallorca dann in ein orientalisch anmutendes Farbbad taucht. Aus Norden kommen der stets Regen mit sich führende Gregal (aus Nordnordost) und der Mestral (aus Nordnordwest), der dort, wo er auftaucht, auch die dichtesten Wolkenbänder zuverlässig auflöst.

Verglichen mit diesen unsteten Windcousins sind die vier großen Windbrüder dauerhaft auf Mallorca zu Hause: Der aus Norden und Westen auf die nach ihm benannte Serra einstürzende Tramuntana umhüllt vor allem in den Übergangsjahreszeiten das Gebirge mit unangenehmer Kälte und Regen. Ihm ist es zu verdanken, dass die Insel nicht austrocknet. Im Sommer bringt der Tramuntana Linderung, indem er dem hinter dem Gebirge liegenden hitzegeplagten Flachland Luft und Kühlung zufächelt. Seine meist direkt aus Ost bzw. West kommenden Brüder Ponent und Llevant können, vor allem in den Wintermonaten, zuweilen orkanartig sein. Der sanfte, aus Süden wehende Migjorn dagegen lässt zur Freude der Einheimischen und der Urlauber im Frühling bereits den Zauber und die Wärme kommender Sommertage erahnen und bringt im Herbst dieselben noch einmal zurück. Im Sommer wird er weniger geschätzt, denn dann treibt er die auf Mensch und Natur lastende Schwüle und Hitze vor sich her über die gesamte Insel.

Regenmacher und Regenspeicher der Insel

Ohne die Serra de Tramuntana wäre Mallorca nicht das, was es ist. Nicht nur ein optisches und erlebnisreiches Highlight würde fehlen, sondern auch der „Regenmacher" der Insel, der die landwirtschaftliche Anbauvielfalt hier erst möglich macht.

Die aus dem Meer bis auf über 1400 m (Puig Major) hoch aufragende schroffe Gebirgslandschaft der Serra de Tramuntana stellt sich den kühlfeuchten Luftmassen entgegen, die vor allem im Herbst und im Frühjahr von nordwestlichen Winden antransportiert werden. Sie sind gezwungen, an der Gebirgsbarriere aufzusteigen, und regnen sich ab. Als Folge erhält und sammelt das Gebirgsmassiv aus diesen Luftmassen ergiebige Niederschläge von jährlich bis zu 1200 mm und mehr im zentralen Teil (Station Lluc),

Kalkberge und Wasser – Serra de Tramuntana am Stausee Es Cúber

die ansonsten meist über Mallorca hinweg ziehen würden (vgl. Abb. S. 32). Was das für die Insel bedeuten würde, zeigt sich im Regenschatten des Gebirgskammes: Hier sinken die Niederschläge auf 500 mm, an der Süd- und Ostküste sogar bis auf 300–350 mm im Jahr ab.

Der schroffe und wilde Charakter der Serra de Tramuntana entsteht nicht nur dadurch, dass insgesamt vierzehn ihrer Gipfel die 1 000-Meter-Marke übersteigen, sondern vor allem durch die überall gegenwärtigen zerklüfteten Felsen, die weder Boden- noch Pflanzendecke tragen. Sie sind das Ergebnis intensiver Verkarstungsprozesse, von denen das überwiegend aus mesozoischen Kalken und Dolomiten aufgebaute Gebirge insgesamt betroffen ist. Verkarstung ist eine spezielle Verwitterungsform, bei der diese lösungsfähigen Gesteine der Serra de Tramuntana in einem chemischen Prozess von (Niederschlags-)Wasser gelöst werden und in ihrer gelösten Form mit dem Wasserstrom wegtransportiert werden. Dabei entstehen Hohlformen an der Oberfläche (Karren, Dolinen) und im Untergrund (Höhlen).

Je größer der Reinheitsgrad des Gesteins, desto stärker ist der Prozess der Verkarstung und desto geringer ist die natürliche Bodenbildung, die nicht aus dem wasserlöslichen Kalk, sondern nur aus Beimengungen wie Ton

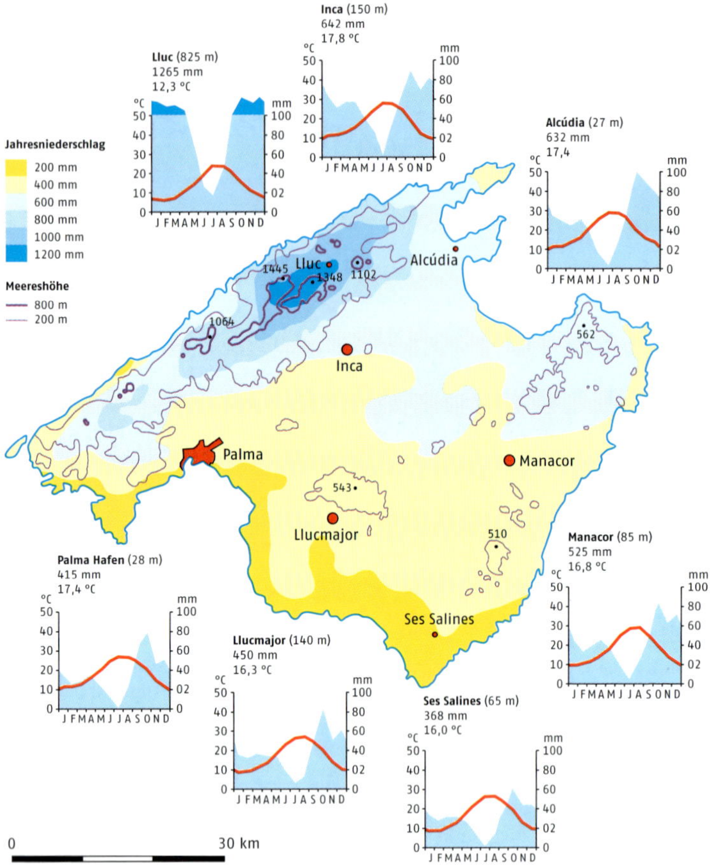

Niederschlagsverteilung auf Mallorca

oder Schluff entstehen kann. Da die Serra de Tramuntana zu 65 % aus Kalkgesteinen von meist sehr hohem Reinheitsgrad besteht, ist die Verkarstung hier entsprechend stark, und naturgemäß konnten sich nur sehr flachgründige Böden entwickeln. Zudem hat in historischer Zeit die Entwaldung und Schaffung von Weideflächen in weiten Teilen des Hauptgebirges zu einer verstärkten Bodenerosion geführt. Besonders begünstigt wurde und wird der Bodenabtrag durch das heute noch übliche Abbrennen der Weiden zur Ver-

Verkarsteter Kalkstein mit Gehölzen in Rinnenkarren wurzelnd

jüngung der Grasbestände, da der Boden danach den teils heftigen Niederschlägen ungeschützt ausgesetzt ist. Übrig geblieben ist der vielerorts nackte, von Karren intensiv zerklüftete Fels mit einem scharfkantigen Relief. Nur da und dort ist eine dünne Bodenauflage von wenigen Zentimetern vorhanden. Entsprechend machen nicht nur steil gestellte Schichtkämme, sondern auch die intensive Verkarstung, von der selbst ebene Flächen betroffen sind, eine landwirtschaftliche Nutzung der mallorquinischen Gebirgslandschaft überwiegend unmöglich bzw. beschränken sie zumeist auf extensive Viehhaltung. Mit Ausnahme der Dolinen und Karstbecken, in denen sich von den umliegenden Hängen durch Erosion abgetragenes Bodenmaterial ansammelt, ist der Anbau von landwirtschaftlichen Kulturen so gut wie nicht möglich.

Neben den reinen Kalk- und Dolomitgesteinen treten im Gebirge – wenngleich in deutlich geringerem Ausmaß – auch wenig verkarstungsanfällige mergelige und sandige Gesteinsserien auf. In der bewegten geologischen Entwicklungsgeschichte Mallorcas wurden diese verkarstungsfähigen und nichtverkarstungsfähigen Gesteine immer wieder in gewaltige Auffaltungs- und Überschiebungsvorgänge einbezogen, sodass sie heute stockwerkartig über- und nebeneinander anzutreffen sind (Bär et al. 1986). Für die Hydrologie und die Trinkwasserversorgung der Insel ist das ein sehr bedeutender Umstand.

Die Serra de Tramuntana hat einen für Karstgebiete charakteristischen Wasserhaushalt. Das Niederschlagswasser versickert rasch in dem porösen, zerklüfteten Kalkgestein und wird im Inneren des Gebirgsstockes abgeführt. Teilweise treten die unterirdischen Wassermengen dort, wo Wasser führende Kalkgesteine auf wasserundurchlässige Mergel treffen, in Karstquellen wieder zu Tage. Diesem Wasser begegnet man nicht selten im Supermarkt oder in Restaurants in Flaschen abgefüllt und nach seinen Quellen benannt als Mineralwasser (z. B. Font Major, Agua Binifaldó, Font Sorda, Font des Teix).

Zum größten Teil wird es jedoch innerhalb des Karsthohlkörpers im Gestein in verschiedenen Grundwasserstockwerken dem mallorquinischen Flachland zugeführt, wo es für die landwirtschaftliche Nutzung unentbehrlich ist. Die unterirdische Entwässerung der Serra de Tramuntana führt dazu, dass sich keine dauerhaften Oberflächengewässer bilden können und kein Fluss oder Bach die Insellandschaft ganzjährig als Lebensader durchzieht. Somit ist die Serra de Tramuntana für Mallorca Regenfänger, -speicher und -verteiler zugleich.

Von reißenden Gebirgsbächen in der Hauptstadt

Das Klima Mallorcas hat entsprechend seiner Breitenlage (39°–40° N) einen typisch mediterranen Charakter mit ausgeprägter Sommertrockenheit und milden, feuchten Herbst- und Wintermonaten. Das Niederschlagsmaximum liegt im Herbst mit einer deutlichen Konzentration der Niederschläge im Oktober, die dann oft an nur wenigen Tagen fallen. Als *gota fria*, „kalter Tropfen", bezeichnet der Volksmund diese herbstlichen Starkregen, bei denen innerhalb von nur 24 Stunden mehr als 250 mm Regen, im Extremfall auch bis zu 400 mm auf die von der Sommerhitze ausgedörrte Bodenoberfläche fallen können. Zum Vergleich: Der gesamte Jahresniederschlag von Berlin beträgt 580 mm! Bei Starkregen kommt es vor allem im sehr steilen Gelände der Serra de Tramuntana und bei ausgetrockneten Böden dann doch vorübergehend zu teils heftigen Oberflächenabflüssen.

Wie ausgesprochen hoch die Reliefenergie im zentralen Teil des Gebirges ist, zeigt sich darin, dass zwischen dem 1445 m aufragenden Puig Major und dem Meeresspiegel nur 3,5 km liegen. Das extreme Gefälle bewirkte in den feuchten Klimaphasen im Eiszeitalter (Pleistozän) die Entstehung eines besonderen Entwässerungssystems in Gestalt von tiefen, schluchtartig eingeschnittenen Kerbtälern, den sog. Torrenten. Unter den heutigen Klimabedingungen der Insel besitzen sie ein periodisches, gelegentlich sogar nur ein episodisches Abflussregime. Das bedeutet, dass sie in der Regel nur während der winterlichen Regenzeit kontinuierlich Wasser führen und in den Sommermonaten bestenfalls vereinzelte Wassertümpel aufweisen. Bei Starkregen allerdings verwandelt sich ihr trockenes Flussbett binnen kürzester Zeit in gefährliche Wildbäche, die alles mitreißen, was sich ihnen in den Weg stellt. Ein Entrinnen ist aufgrund der sehr schmalen Talsohle und der extrem steilen Talflanken unmöglich, weshalb das Betreten der Torrenten lebensgefährlich sein kann und wirklich nur bei stabiler, trockener Hochdruckwetterlage erfolgen sollte.

Die Gesamtheit der Torrenten bildet ein Talnetz aus, das seinen Ursprung in der Serra de Tramuntana hat, sich aber beispielsweise y-förmig verjüngend bis in die Bucht von Palma fortsetzt. Hier, in der Region mit der größten Bevölkerungs- und Bebauungsdichte sowie der höchsten Konzentration an wirtschaftlicher Aktivität auf der Insel bergen sie ein sehr hohes potenzielles Schadensrisiko. Bei Starkregen folgen die Wassermassen diesem Talsystem bis zur Mündung ins Mittelmeer. Insgesamt drei solcher Torrenten durchfließen das Stadtgebiet von Palma. Immer wieder gelangen Bilder wie am 16. Dezember 2008 in die deutschen Fernsehnachrichten. Sie zeigen z. B. den nach Starkregen vom Torrent Gros unter Wasser gesetzten Stadtteil Palmas Es Molinar, überflutete und zerstörte Kommunikationswege und Brücken wie die Straße Palma–Manacor oder Palma–Sineu oder in den Torrenten mitgerissene und zusammengeschwemmte Autos. Im schlimmsten Fall berichten sie von in den Fluten verlorenen Menschenleben. Dabei trägt gerade menschliches Fehlverhalten, vor allem das Vorrücken von Infrastruktur und Bebauung in gefährdete Bereiche, dazu bei, dass aus einem einfachen Hochwasserereignis eine Hochwasserkatastrophe wird. So wirkt die Uferpromenade, der Paseo Maritimo, in Es Molinar als Staudamm für die Hochwässer des Torrent Gros, der ihren Abfluss ins Meer behindert und verzögert. Auch wenn von den Sturzfluten Autos unter Wasser gesetzt werden, geht dies zumeist auf das Konto ihrer Besitzer, die ihre Fahrzeuge im Überflutungsbereich parken, weil sie nicht mit den möglichen Kapriolen des Wetters und der blitzschnellen Verwandlungsfähigkeit des trockenen Bachbettes in einen reißenden Wasser- und Schlammstrom rechnen.

Eine Schlange führt ins Paradies

In Gestalt des Torrent de Pareis („Paradiesschlucht") kam in der Serra de Tramuntana das – neben der Samaria-Schlucht auf Kreta – wohl imposanteste Beispiel für Kerbtalbildung des gesamten Mittelmeerraumes zur Ausbildung. Mit seinen bis zu 400 m hohen Felswänden und seinem schmalen Talboden, der nirgends breiter als 40 m ist und an der engsten Stelle nur 10 m misst, schlängelt er seiner Mündung ins Meer bei Sa Calobra entgegen. Seitdem in den 1930er Jahren der bis dahin völlig abgeschiedene, nur 20 Einwohner zählende Küstenort Sa Calobra („die Schlange") mit der gleichnamigen Straße an die übrige Inselwelt angebunden wurde, gehört der Weg zum Mündungsbereich des Torrent de Pareis fast schon zum Ausflugspflichtprogramm von

Mündung des Torrente de Pareis

Einheimischen und Mallorcareisenden. Er führt über eine schmale Passstraße, eine in schwierigstem Gebirgsterrain und in hervorragend landschaftsangepasster Weise vollbrachte Meisterleistung des italienischen Ingenieurs Antonio Paretti. Kurz nach dem Trinkwasserstausee Gorg Blau („Blaue Schlucht") beginnt er und ist so reich an Attraktionen, dass der Weg selbst bereits lohnendes Ziel ist. Vier Kilometer Luftlinie überwindet die 12 km lange Straße, von der niemand mehr weiß, warum sie eigentlich einmal gebaut wurde. Sicher ist nur, dass sie nach der Machtergreifung General Francos von Strafgefangenen des faschistischen Regimes und gefangenen Soldaten der republikanischen Armee gebaut wurde, die sich mit zwei Tagen gefährlicher und qualvoller Bauarbeit einen Tag Haftverschonung erarbeiteten. Vielleicht auch deshalb, weil sie an ein dramatisches Kapitel der jungen spanischen Geschichte rührt, ist der dunkle Hintergrund des Straßenbaus in Vergessenheit geraten. Geblieben ist die architektonische und straßenbauliche Glanzleistung. Mit ihren Händen, ausgerüstet nur mit Brecheisen, Hammer und Meißel, Schaufel und Pickel, manchmal auch mit Dynamit, trieben mehrere hundert Arbeiter die Straße 800 Meter nach unten. Knapp 47 000 m^3 Material trugen sie dafür ab und schütteten die gleiche Menge an anderer Stelle wieder an. Mit einem außeror-

Kurvenreiche Straße zur Bucht von Sa Calobra

dentlichen Gespür für die Ästhetik der Gebirgslandschaft ließ Paretti dem Fels ein Asphaltband anlegen, einer steinernen Schlange gleich, die kaum auffällt und eher verziert als stört. Er soll die Arbeiten persönlich im Gelände überwacht und eine Änderung des geplanten Straßenverlaufs angeordnet haben, wenn ihm dabei eine elegantere Lösung zur Überwindung des felsigen Terrains einfiel. Zwölf erstaunlich wenig steile, eher sanfte Haarnadelkurven und eine 360-Grad-Kurve müssen nervenstarke und schwindelfreie Autoreisende auf dem Weg zum Meer überstehen. Die Straße passt sich so exakt dem natürlichen, verschlungen Verlauf der Bergflanken an, dass der Reisende nicht immer sieht, woher er gekommen ist und wohin ihn die Straße noch führen wird. Zur berühmtesten Straße Mallorcas wurde Sa Calobra aufgrund der genialen straßenbautechnischen Lösung an Straßenkilometer zwei. Das hier bei Sa Moleta extrem steile Gelände schien dem Architekten eine Straßensteigung aufzuzwingen, die sehr gegen sein ästhetisches Empfinden verstoßen hätte – bis ihm eines Morgens angeblich beim Binden seiner Krawatte die rettende Idee kam: Wenn es vorwärts nicht hinunter geht, dann vielleicht rückwärts! Und er führte die Straße, wie er seine Krawatte zu binden pflegte: in einem ohne Stützpfeiler geführten Kreis über sich selbst, mit nur einer Brücke, durch die die Straße unter sich in einer 360-Grad-Kurve zurückkommen konnte. Die Kurve trägt den Namen Nu de Sa Corbata, zu Deutsch „Krawattenknoten“.

Eine Schlange setzte wieder einmal einem paradiesischen Dasein, dieses Mal in der Bucht von Sa Calobra und ihrer Nachbarbucht Tuent, ein Ende. Die insgesamt sechs Familien, die etwa sieben Jahrhunderte in den beiden fruchtbaren Buchten lebten und mit der Außenwelt nur über einen Fußweg verbunden waren, schätzten ihre plötzliche Anbindung an das Inselleben nicht sehr. Selbst dann noch nicht, als die Einnahmen aus dem Tourismus, der ihre Buchten endgültig aus dem Dornröschenschlaf riss, ihnen ein leichteres, abwechslungsreicheres Leben ermöglichte. Die scheinbar stehen gebliebene Zeit der Einheimischen und ihre Bedürfnisse brauchten Jahrzehnte, um in den modernen Rhythmus der Außenwelt zu finden. Aber auch das ist heute Geschichte. Hotels und Bars am Talgrund von Sa Calobra zeigen, dass die Moderne Mallorcas auch hier Einzug gehalten hat. Unverändert scheint nur noch die zwischen den Buchten gelegene, 700 Jahre alte Kirche San Lorenzo geblieben zu sein, in der sich die Bewohner jeden Sonntag zum Gottesdienst trafen und fein säuberlich getrennt beteten – die Bewohner aus Sa Calobra in den rechten Bänken und jene aus Tuent in den linken Bänken des winzigen Kirchenschiffes. Um was sie ihren Herrgott baten, ist unbekannt, sicher ist nur: eine Straße war es nie und nimmer. Es erregt heute weniger die Anwohner als die Natur- und Umweltschutzorganisation der Balearen, die GOB, dass in der Hauptsaison täglich die Insassen von hunderten Reisebussen und Mietwagen über die steinerne Schlange nach Sa Calobra und von dort in einem Fußweg von wenigen Minuten zum Mündungsbereich des Torrent de Pareis gelangen. Doch auch die Kritiker selbst können sich der Faszination der Straße und dem wildromantischen Flair des Mündungsbereiches des Torrent de Pareis nicht entziehen. Für alle die, die ihre Widerstandsfähigkeit gegen diese Faszination prüfen wollen, sei empfohlen, in den späten Nachmittagsstunden die Autoreise nach unten anzutreten, wenn die meisten Busse und Mietwagen bereits wieder oben angelangt sind. Es sei denn, sie gehören zu denjenigen, für die einem Drahtseilakt auf vier Rädern gleichkommende Rangier-, Ausweich- und Rückwärtsmanöver eine lustvolle Herausforderung sind.

Die gute Wahl der Madonna: das Karstbecken von Lluc

Den zentralen Bereich der Serra de Tramuntana charakterisieren zwei parallel von Südwest nach Nordost verlaufende markante Gebirgskämme mit den beiden höchsten Erhebungen, Puig Major (1 445 m) und Massanella (1 348 m), und darin eingeschlossene Karstbecken (z. B. die Becken von Lluc und Albarca). Obwohl der Puig Major immer mit einer Höhe von 1 445 m angegeben wird, sei darauf hingewiesen, dass er kurioserweise diese Höhe nicht mehr erreicht. Um auf seinem Gipfel Stellung beziehen und eine Radarstation errichten zu können, erniedrigte das spanische Militär 1958 den stattlichen Berg um neun Meter, indem es den Gipfel sprengte – mit weitreichenden Folgen für die einzigartige Gipfelflora (Conselleria de Medi Ambient 2008).

In dieser faszinierenden, aber unwirtlichen Bergwelt sind die Karstbecken (vgl. Abb. S. 40) die einzigen Siedlungslagen, in denen eine über die traditionelle Viehhaltung hinausgehende landwirtschaftliche Nutzung möglich ist. Die mallorquinischen Karstbecken sind keine abflusslosen Hohlformen, sondern werden von einem Torrent durchflossen und erreichen eine Länge bis zu 2 km. Ihre Entstehung verdanken sie dem verschachtelten und stockwerkartigen Neben- und Übereinander von verkarstungsfähigen reinen Kalkgesteinen und nichtverkarstungsfähigen tonreichen Kalkgesteinen (Mergel). Als Niederschlagswässer bei der Tiefenerosion der Kalkgesteine auf mergelige Gesteinschichten trafen, konnten sie nicht im Untergrund versickern. Sie stauten sich über den tonigen Schichten, sodass verstärkt die seitlichen Kalkwände angegriffen wurden. Auf diese Weise entstanden an solchen Gesteinsgrenzen im Lauf der Zeit breite Karstbecken statt tiefe Kerbtäler. Im Fall der Karstbecken von Lluc, Albarca und Colomi, die alle vom Torrent de Lluc durchflossen werden, führte die in verschiedenen Intervallen stattfindende Hebung des Gebirges zu ihrer interessanten treppenartigen Anordnung. Die großen ebenen Flächen, das von den benachbarten Höhen und Hängen

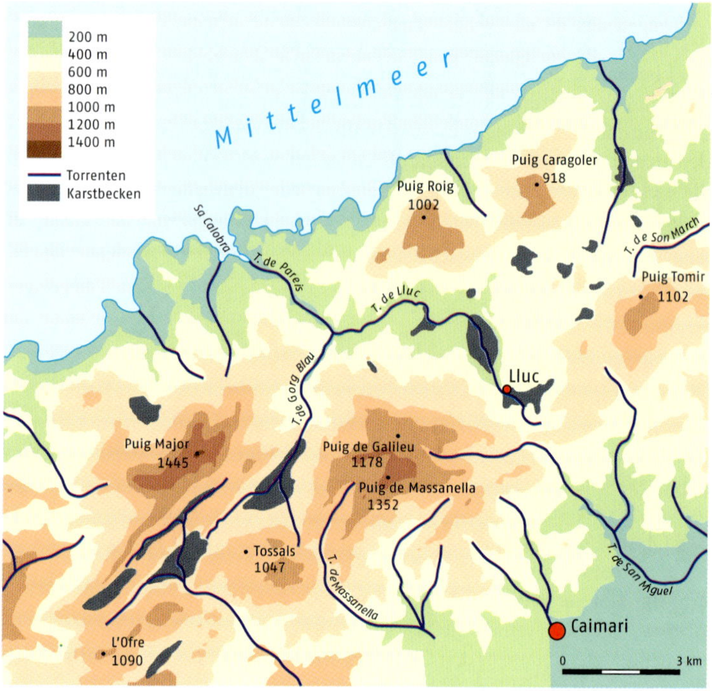

Lagekarte der Karstbecken im zentralen Teil der Serra de Tramuntana

eingetragene Bodematerial und die gute Wasserversorgung ermöglichen im Bereich der Beckenböden den Anbau überwiegend von Futtergetreide und anderen einjährigen Futterpflanzen. Die früher auf Selbstversorgung ausgerichteten Höfe konzentrieren sich heute auf die rentablere Viehzucht. Wenn sich auf den Wanderwegen plötzlich Einblicke in eines der tiefer liegenden Karstbecken ergeben, erscheinen sie dem überraschten Besucher wie Oasen inmitten einer Steinwüste. Aufmerksamen Beobachtern entgehen sicher auch nicht die viel zahlreicheren, aber auch viel kleineren und geschlossenen abflusslosen Hohlformen in der Gebirgslandschaft. Es handelt sich dabei um Dolinen, die meist durch den Einsturz von Höhlen entstanden sind und günstige, weil ebene Lagen für die Beweidung darstellen.

Unter den Karstbecken ist ausgerechnet eines der kleinsten, das Karstbecken von Lluc (200 000 m^2), das bekannteste und bedeutendste. Umrahmt

Ackerbau in der Serra de Tramuntana - Karstbecken von Albarca

von den Bergen Puig de Massanella (1 348 m) im Südwesten, Puig Tomir (1 103 m) im Nordosten und Puig Roig (1 003 m) im Nordwesten schmiegt es sich sanft und einladend in die ungemütliche Gebirgslandschaft. Es ist ein besonderer Ort, denn er beherbergt 525 m über dem Meeresspiegel und 48 km von der Inselhauptstadt entfernt mit dem Santuari de Lluc (Heiligtum von Lluc) den wichtigsten Wallfahrtort und das spirituelle Zentrum Mallorcas.

Um das Santuari und seine Basilika, deren Innenraum von niemand Geringerem als vom legendären Meister des spanischen Jugendstils (*Modernismo*), Antoni Gaudí, zu Beginn des 20. Jh.s überarbeitet und ausgestaltet wurde, rankt sich eine wunderschöne Legende: vom neunjährigen Maurenjungen Lluc, dessen Eltern ein landwirtschaftliches Gut im gleichnamigen Becken unterhielten. Im Jahr 1229, kurz nachdem König Jaume I. Mallorca von den Mauren zurückerobert hatte, fand der mit seiner Familie zum Christentum konvertierte Junge beim Ziegenhüten an der Stelle des heutigen Santuari eine Madonnenfigur in der gleichen dunklen Farbe seiner Haut. Er brachte die Figur in die kleine Kirche Sant Pere von Escorca, wo der Pfarrer sie aufstellte. Die von dieser Kunde angelockten Gläubigen, die der Madonna am nächsten Tag huldigen wollten, fanden sie dort jedoch nicht mehr vor.

Lluc, der Maurenjunge, fand sie erneut, an der gleichen Stelle wie beim ersten Mal, und brachte sie nach Sant Pere zurück. Immer wieder verschwand die Madonna, und immer wieder fand Lluc sie an immer gleicher Stelle, bis der Pfarrer begriff: Die Madonna wollte an ihrem Fundort bleiben. Er errichtete dort eine kleine Kapelle, die die Madonna beherbergte – das Santuari de Lluc. Dieses kleine Heiligtum konnte dem Ansturm der Pilger nicht lange gerecht werden, sodass 1260, vom König angeordnet, der Grundstein für eine Augustiner-Einsiedelei „Nostra Senyora de Lluc" gelegt wurde. Seit dem 15. Jh. wird das Santuari von einem Priesterseminar geführt, die Wallfahrtskirche wurde 1456 vom Papst zur Stiftskirche ernannt. Seit 1962 besitzt sie den Rang einer Basilika, verliehen von Papst Johannes XIII.

Die Fassade der heutigen, mächtig aus der Ebene des Karstbeckens aufsteigenden, den Bergen und den Unbilden des rauen Klimas dort trotzen wollenden Klosterkirche wurde etwa 300 Jahre später in der Renaissance (1622–1691) auf den ursprünglichen Grundmauern errichtet. Die wunderschöne „schwarze" Madonna, von den Mallorquinern liebevoll *Sa Morenita*, „die kleine Dunkle", genannt, befindet sich in einer Kapelle hinter dem Hochaltar. Obwohl jährlich mehr als eine Million Menschen das Santuari besuchen, ist ihr Raum ein Ort erfahrbarer tiefer Stille. Das heute von vielen Pilgern und Gläubigen aus aller Welt verehrte Standbild im flämisch-spätgotischen Stil kam allerdings erst im 16. Jh. nach Lluc. Es wurde 1520 von dem mallorquinischen Kaufmann Joan Amer erworben und der Kirche von Lluc geschenkt. Die ursprünglich gefundene und hier beheimatete Madonnenfigur verschwand noch im Mittelalter – genauso unerklärlich. Spurlos wie ihr legendäres Erscheinen aus dem Nichts im Becken von Lluc, so verließ die Madonna ihre vorübergehende Wahlheimat im Schutz der Berge auch wieder. Dem Santuari ist ein Jungeninternat angeschlossen, mit einem Knabenchor, der bereits im Jahr 1450 gegründet wurde. Er genießt in Spanien mindestens den gleichen Ruf wie bei uns die Regensburger Domspatzen oder die Wiener Sängerknaben. Aufgrund der blauen Soutanen, in denen die Sänger auftreten, wird er schlicht *Els Blauets*, „die Blauen", genannt. Ihre Stimmen erschallen (außerhalb der Schulferienzeit) noch immer jeden Morgen in der Messe, zu Ehren der Mare de Déu de Lluc, der Mutter Gottes von Lluc, und verleihen der Mystik des Ortes einen Klang. Auch und gerade für die moderne mallorquinische Gesellschaft ist Lluc ein Ort der kulturellen und spirituellen Identifikation. Seine generationenübergreifende tiefe Verehrung ist Symbol und Akt der Abgrenzung gegen die fremden touristischen Einflüsse. Hier wird eine immer wieder erfahrbare Wahrheit erkennbar, die so manchen Urlauber schmerzen mag: Trotz aller Gastfreundschaft, die mallorquinische Gesellschaft war, ist und bleibt eine geschlossene Gesellschaft, zu der den meisten Außenstehenden der Zugang verwehrt bleibt.

Das flüssige Gold Mallorcas

Auch im Bereich der Steilküste sind bei der geologischen Entwicklung des Gebirges einige kleine Räume entstanden, die günstige Voraussetzungen für eine menschliche Besiedlung und Bewirtschaftung bieten. Ein solcher Gunstraum ist das Tal von Sóller, ein Einsenkungsbecken, dessen Talboden von fruchtbaren alluvialen Sedimenten bedeckt ist, die den Anbau von allen erdenklichen landwirtschaftlichen Produkten erlauben. Huerta de Sóller, „Garten von Sóller", wird das Tal seit alters her auch genannt. Die Möglichkeit zur völligen Selbstversorgung und Autarkie, die der „Garten" bot, war für seine Bewohner überlebenswichtig. Denn das Becken ringsherum wird von steilen Bergkämmen umrahmt und ist nur nach Nordwesten, zum Meer hin, offen. Eine Verbindung zur Außenwelt war bis Mitte der 1990er Jahre nur mit dem Schiff oder über eine steile schmale Passstraße mit gut hundert Haarnadelkurven möglich. Über Jahrhunderte bestimmte diese Abgeschiedenheit das Leben der Menschen in Sóller. Und so verwundert es auch nicht, dass der Ort bis zur Bekanntgabe des geplanten Tunnelbaus, der Sóller heute auf direktem Weg mit dem Rest der Insel verbindet, unter Mallorcareisenden noch Ende der 1980er Jahre als Geheimtipp fernab des Massentourismus galt.

Die Mauren gaben dem Ort den Namen Sulliar – „Gold". Sie bezogen sich damit wahrscheinlich auf das Öl, das sie reichlich aus den Olivenbäumen gewannen, mit denen sie während ihrer Herrschaft die Siedlung umpflanzten. Mit ihrer systematischen Kultur von Oliven, die bereits in vorchristlicher Zeit mit den Römern nach Mallorca gelangten, begann die Entwicklung einer der schönsten Kulturlandschaften im gesamten Mittelmeerraum.

Der überwältigende Eindruck, der die Kulturlandschaft im Tal des Goldes bei jedem Besucher hinterlässt, resultiert maßgeblich aus ihren von Trockenmauern gestützten und mit Olivenkulturen bestandenen Hangterrassen (*Marjades*). Zu ihrer Errichtung wurden Steine aus der direkten Umgebung gesammelt, die sich in Farbe und Material deshalb vollkommen in die natürliche Umgebung einpassen. Sie wurden behauen und ohne Mörtel zusammengesetzt. Entgegen der weit verbreiteten Meinung waren es nicht maurische Meister der Terrassenarchitektur, die dem gebirgigen Land hier und anderswo weitläufige Olivenhaine abrangen. Vielmehr machten ihre Nachfolger der christlichen Epoche im 13. Jh. die Serra de Tramuntana bis heute zum Zentrum der Olivenkultur auf Mallorca (vgl. Abb. S. 44). Die Kunst des Trockenmauerbaus wurde im 15. Jh. erstmals als eigenständiger Handwerksberuf urkundlich erwähnt. Etwas mehr als 8 000 ha werden inselweit vom Olivenanbau eingenommen, wovon 90 % sich in der Serra de Tramuntana befinden. Die kargen Bedingungen des Gebirgslandes bieten für

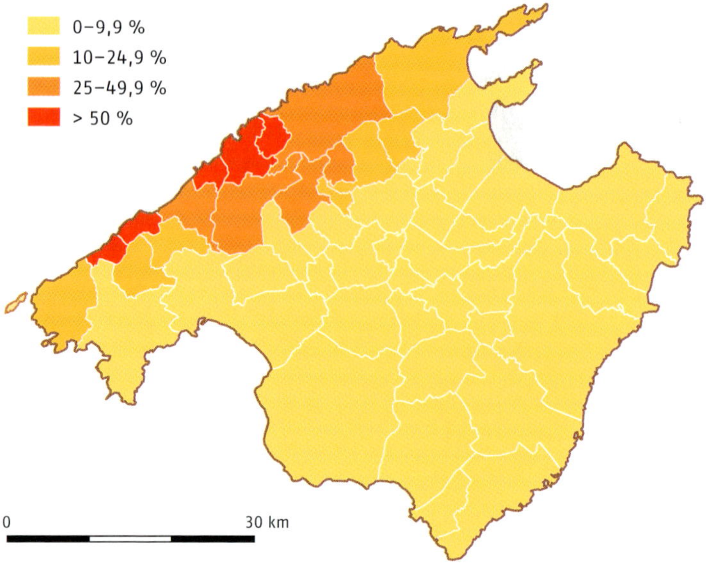

Anteil der Anbaufläche von Ölbäumen an der landwirtschaftlichen Nutzfläche auf Gemeindeebene 1999

den Ölbaum, eine der ältesten Kulturpflanzen des Mittelmeerraumes, selbst dort noch gute Lebensbedingungen, wo der Anbau anderer Kulturen längst unmöglich ist. So ist er frosthart und verträgt regelmäßig im Gebirgsbereich auftretende winterliche Fröste bis zu sieben Grad minus. Und er ist ein bescheidener Überlebenskünstler, der selbst auf dem scheinbar überwiegend aus Steinen bestehenden Bodensubstrat noch sein Auskommen findet. Von den über tausend Olivensorten weltweit werden 19 Sorten auf den Balearen und Mallorca angebaut (IRFAP, o. J.). In der Serra de Tramuntana werden zu fast 99 % Varietäten der drei Sorten Empeltre, Arbequina und Picual angebaut. Nur das daraus gewonnene Öl trägt den mit dem Herkunftsgütesiegel „DO (Denominación Orígen)“ versehenen Namen „Oli de Mallorca“ (auf Katalanisch) oder „Aceite de Mallorca“ (auf Spanisch). Die Erträge der Olivenernte auf Mallorca werden zu 80 % für die Herstellung von Öl verwendet. Die übrigen 20 % gelangen als kulinarische Köstlichkeit in die Geschäfte und Restaurants.

Hauptanbaugebiet für mallorquinische Oliven ist das Tal von Sóller, dessen Gemeindefläche zu 57 % terrassiert ist. Sein Anblick verspricht Gaumen-

Terrassen und Trockenmauern – Olivenanbau im Barranco de Biniaraix

freuden, bietet zuvor jedoch einen unvergesslichen visuellen Genuss. Etwa 1 800 Hektar Oliven, ein Viertel der Gesamtanbaufläche Mallorcas, ziehen sich an seinen Hängen empor. Der alte Pilgerweg von Biniaraix nach Lluc führt durch den Barranco de Biniaraix, in dessen extrem steile Wände mit bloßer Handarbeit Girlanden von Terrassen eingearbeitet wurden, die sich mit ihren matt silbrig glänzenden Olivenhainen in luftige Höhen winden. Die Gesetze der Schwerkraft scheinen in diesen mit unverfugtem Mauerwerk verzierten Felshängen außer Kraft gesetzt zu sein. Erst in 600 m Höhe verlässt der Wanderer die alte Kulturlandschaft, um unvermittelt die kraftvolle Naturlandschaft des Gebirges aus ungeschliffenen, massigen Bergstöcken zu betreten, wo diese Gesetze wieder uneingeschränkte Gültigkeit haben.

Bei der Fahrt durch die auf 22 % ihrer Gesamtfläche (210 km^2) terrassierten Serra de Tramuntana gewinnt der aufmerksame Reisende den Eindruck, dass deutlich mehr als die angegebenen 7 100 ha mit Olivenbäumen bestanden sein müssten. Dieser Eindruck ist richtig, es handelt sich dabei allerdings um nicht mehr genutzte und gepflegte Bestände. Die Olivenernte erfordert eine große Zahl von Saisonarbeitskräften, die durch den aufkommenden Tourismus als lukrativer Erwerbszweig bald nicht mehr zur Verfügung standen, sodass im 20. Jh. etwa die Hälfte der einstigen Anbaufläche aufgegeben wurde (Salvà 1993). Ohne die Pflege und regelmäßige Instandsetzung verfielen zunehmend auch Teile der Trockenmauern, die das Gebirge mit einer Gesamtlänge von 19 526 km durchziehen. Auf einigen dieser Flächen bildeten sich im Lauf der Zeit und der natürlichen Sukzession bereits regelrechte Vorwaldstadien. Angestoßen durch die Naturschutzorganisation GOB fand in den 1990er Jahren jedoch ein Umdenkungsprozess in der Bevölkerung und auch in der Politik statt. Die Mallorquiner erkannten, dass mit dem Niedergang der Olivenkulturen und dem Zerfall der Trockensteinmauern in der Serra de Tramuntana das Jahrhunderte alte landwirtschaftliche Erbe dem Verfall preisgegeben und prägende landschaftsästhetische Elemente des Gebirges im Verschwinden begriffen waren – und mit ihnen eine der schönsten traditionellen Kulturlandschaften der Insel. Die mallorquinischen Politiker sahen gleichzeitig das hohe touristische Potenzial, das in der besonderen Ästhetik dieser Kulturlandschaft liegt. Beide, Bevölkerung und Politiker, bemühen sich seither um die Erhaltung und – wo nötig – Wiederherstellung der brachliegenden Terrassenlandschaft und ihrer Olivenkulturen. Die einen zur Rettung eines wichtigen Faktors ihrer kulturellen und regionalen Identifikation, was sich schöner und treffender mit dem im deutschen Sprachgebrauch aus der Mode gekommenen Begriff Heimatverbundenheit beschreiben lässt. Die anderen, weil sie erkannten, wie gut sich die in alten Traditionen und dem harmonischen Miteinander von Mensch und Natur wurzelnde Ruhe der Gebirgslandschaft vermarkten lassen würde.

Die 1990er Jahre waren Zeiten des Umbruchs und der touristischen Neuorientierung. Mallorca wollte weg vom unruhigen, ungesunden Ballermann-Image, hin zur Isla de la Calma. Und die Olivenbäume im Tal des Goldes und der Serra de Tramuntana sollten und konnten dabei helfen. Kaum ein anderer Baum strahlt soviel Kraft und Ausdauer aus, spendet seinem Betrachter soviel Entspannung, Ruhe und Erholung wie der Olivenbaum. Dazu trägt sicher auch das oft so knorrige Aussehen der Bäume bei, die ein Alter von mehreren hundert Jahren erreichen können. Dass es sich bei den mächtigen knorrigen Wucherungen eigentlich um die Folge einer bakteriellen Erkrankung des Baumes, der sog. Tuberkelkrankheit handelt, die der Baum in der Regel überlebt und die nur Quantität und Qualität seiner Oliven einschränkt, darf bei dem faszinierenden Anblick gerne vergessen werden. In spannungsreichem Kontrast zu dem gedrungenen, bizarren Wuchs der Stämme vieler alter Bäume stehen ihre recht dünnen, jungen Zweige. Dieses Phänomen entsteht durch das regelmäßige Auslichten der Äste, wodurch die Ertragsfähigkeit gesteigert wird. Alter und Jugend am gleichen Baum unterstützen den beruhigenden Eindruck von Ewigkeit, der von Olivenbäumen ausgeht, oder wie es der Dichter Erhart Kästner ausdrückt: „Der Olivenbaum ist die Bild gewordene Geduld und die Bild gewordene Zeit."

Alter knorriger Olivenbaum

Orangen, Wein und mehr – Luxus dank exzellenter Bewässerungstechniken

Die Kulturlandschaft im Tal von Sòller ist nicht nur wegen ihrer Oliventerrassen an felsigen Schluchthängen einzigartig, sondern auch aufgrund ihrer ausgeklügelten Bewässerungssysteme. Letztere wurden angelegt, um die saisonal üppigen Niederschläge der Serra de Tramuntana sowie unterirdische Karstwasserlinien und Grundwasserköper für den Anbau nutzbar zu machen. Sie sind in ihrem Ursprung unbestritten Erfindung und Erbe der Mauren. Ihre heute noch allgegenwärtige und bewunderte Leistung bestand hier wie an der gesamten Westküste (z. B. in Banyalbufar und Estellencs) darin, einfache Bewässerungsmaßnahmen ausgebaut und in ausgeklügelten ober- und unterirdischen Bewässerungssystemen perfektioniert zu haben, die seit mehr als tausend Jahren in Funktion sind und die Kulturlandschaft bis in die Gegenwart prägen. Ihre besonderen Techniken zur Leitung, Sammlung, Bevorratung und gezielten Verteilung des Niederschlagswassers sorgten für die ganzjährige Deckung des Wasserbedarfs der Menschen und ihrer Anbaukulturen. Gleichzeitig hatte die geschickte Kanalisierung des Niederschlagswassers in Verbindung mit der Terrassierung des Geländes aber auch die Funktion, die Siedlungs- und Kulturflächen vor den gewaltigen erosiven und zerstörerischen Kräften der Gebirgsbäche nach Starkregen zu schützen. Die Bewässerungssysteme bestehen in der Regel aus vier Teilsystemen, deren vorherrschendes Bauelement ebenfalls unverfugte Steinmauern und -dämme sind:

1. eingefasste und oberirdisch abgeleitete natürliche Quellen und Wasseraustritte im Gebirge;
2. kanalisierte natürliche Oberflächenabflüsse unterschiedlicher Größenordnung (Gullies, Torrenten);
3. unterirdische Wassergalerien, in denen unter der Oberfläche angezapfte Wasserströme weitergeleitet werden;
4. Brunnenanlagen, aus denen das Wasser mit Hilfe von horizontal auf dem Boden verankerten, von Tieren bewegten Wasserrädern geschöpft wurde.

Mit dem aus Brunnen geförderten Wasser wurden einst 92 Getreidemühlen in der Serra de Tramuntana betrieben, von denen heute aber nur noch 15 in gutem Zustand sind (Consell de Mallorca, o. J.).

Überschüssiges Wasser, das nicht direkt zur Bewässerung der Kulturen genutzt wird, wird in Staubecken, oberirdischen Zisternen und Wassertanks bevorratet. Sie sind auf den unterschiedlichen Terrassenstufen angeordnet, sodass das Wasser nach dem Überlaufprinzip von oben nach unten geleitet wird. Auf diese Weise besteht neben dem natürlichen ein kunstvolles vom Menschen angelegtes Abflussnetz, in das in den Siedlungslagen der Serra de Tramuntana insgesamt 800 natürliche Quellen (Consell de Mallorca o. J.) und künstlich geschaffene Wasseraustritte einbezogen sind.

Allein im Gemeindegebiet von Sóller sind zusätzlich zu den oberflächlichen Regenwasserkanälen 69 Wasserquellen aus dem Felsengestein in das Bewässerungssystem integriert. Die überwiegende Zahl davon (61) sind sog. *fonts de mina*, Quellen, die unter der Oberfläche fließendes Wasser anzapfen und in unterirdischen Galerien zu ihren Bestimmungsorten weiterleiten. Auch in der weiter talaufwärts gelegenen Gemeinde Fornalutx sind 37 der 48 Quellen solche *fonts de mina*.

Zu den im mallorquinischen Klima unbedingt auf Bewässerung angewiesenen Kulturpflanzen gehören die Agrumen (Orangen, Zitronen, Mandarinen).

Auch wenn in manchen Literaturquellen davon ausgegangen wird, dass der Name „Sóller“ sich nicht von der arabischen Bezeichnung für „Gold“, sondern für „Muschel“ ableitet und sich auf die schützende Form des Beckens bezieht, macht das „Tal des Goldes“ dennoch genau dieser Bezeichnung heute alle Ehre. Und dies nicht nur um der Oliven und ihres „flüssigen Goldes“ Willen, sondern auch seiner Orangenbäume wegen. Die Bitterorangen (*Citrus x aurantium*) wurden bereits von den Mauren aufgrund ihrer Schönheit und ihres betörenden Duftes zur Zierde ihrer Gärten angepflanzt. Ihre dunkelgrünen glänzenden Blätter stehen in reizvollem

Kontrast zu den gleichzeitig am Baum erscheinenden milchweißen Blüten und orangefarbenen Früchten. Die ähnlich schönen, aber einen dezenteren Duft verströmenden und etwas weniger farbintensiven Süßorangen (*Citrus sinensis*) kamen in der ersten Hälfte des 16. Jh.s mit den Portugiesen aus Südostasien auf die Iberische Halbinsel und auch nach Mallorca. Im windgeschützten Tal von Sóller werden sie seither angebaut, und hier liegt das eigentliche Ursprungsgebiet des Orangenanbaues auf Mallorca. Seit im 18. Jh. die Rentabilität des Olivenanbaues stagnierte, weil die schmalen Terrassen im steilen Gelände keine Mechanisierung zuließen, werden die Orangen in bewässerten Kleinplantangen auf den fruchtbaren Böden im Talgrund angebaut. Hier versprühen sie auf 180 Hektar in der Sonne Mallorcas ihren Goldglanz und einen zauberhaften Duft. Vor den Auswirkungen der Revolution im ausgehenden 18. Jh. nach Mallorca fliehende Franzosen begannen einen rasch florierenden Orangenhandel mit ihrem Mutterland. Die Orangen verhalfen Sóller und dem weiter talaufwärts gelegenen Fornalutx zu wirtschaftlichem Aufschwung und Wohlstand, der sich in ihren Gebäuden aus jener Zeit noch heute widerspiegelt. Ein Schädling setzte dem Wohlergehen ein jähes, aber vorübergehendes Ende. Die Entdeckung des Vitamin C kurbelte das Orangengeschäft wieder an. Und heute sind die Orangenterrassen von Sóller und Fornalutx ein äußerst wertvolles touristisches Kapital der beiden Gemeinden, das viele Besucher anzieht. Es gibt in den verschiedenen Anbaugebieten der Welt mehr als hundert Sorten Süßorangen, und selbst auf Mallorca gibt es heute bedeutendere Orangenanbaugebiete (z. B. bei Inca). Aber wer einmal die im Gebirgsklima von Sóller und Fornalutx gereiften, für ganz kleines Geld zu kaufenden, eher unscheinbar und fleckig aussehenden Orangen aus dem Tal des Goldes gekostet hat, mag so schnell nicht wieder zu anderen greifen.

Treppenaufgang in Fornalutx

Im gesamten westlichen Gebirgsabschnitt der Serra de Tramuntana sind die Gesteinsschichten eher horizontal lagernd und weit weniger gefaltet als in ihren übrigen Teilen. Verebnungsflächen und flache Hangpartien prägen hier das Landschaftsbild und ermöglichten somit über das Becken von Sóller hinausgehend eine insgesamt stärkere Besiedlung dieses Gebirgsbereiches und eine Vielzahl im Ursprung landwirtschaftlicher Siedlungen wie z. B. Galilea im Landesinneren und Valldemossa, Banyalbufar sowie Estellencs an der Küste. Wie im Tal von Sóller konnte vor allem in den Küstenorten durch die geschickte Kombination von ausgeklügelten Bewässerungssystemen (vgl. Abb. unten) und Terrassenbau eine intensive Nutzung stattfinden. Banyalbufar ist mit seinen über dem Meer schwebenden Terrassengärten ein zauberhaftes Beispiel für die Urbarmachung solcher eher sanften Abhänge. In jüngerer Zeit geht man davon aus, dass schon die Ureinwohner Mallorcas hier versuchten, Land zu kultivieren, und erste Terrassen bereits von den Phöniziern angelegt wurden. Dennoch waren es die Mauren, die in ihrer über 300-jährigen Herrschaft über Mallorca die Gunst des Geländes nutzten, dieses Wunderwerk menschlicher Handwerkskunst letztendlich vollbrachten und aus dem Ort den „Kleinen Weingarten am Meer" (so die deutsche Übersetzung des arabischen Ortsnamens) machten. Obwohl ihnen der Genuss von Wein verboten war, haben sie diese nur im Bewässerungsfeldbau gedeihende Kulturpflanze erwiesenermaßen und mit großem Erfolg angebaut. Wein diente ihnen als wertvolles Handelsgut. Aus der roten Malvasia-Traube gelang es ihnen, einen

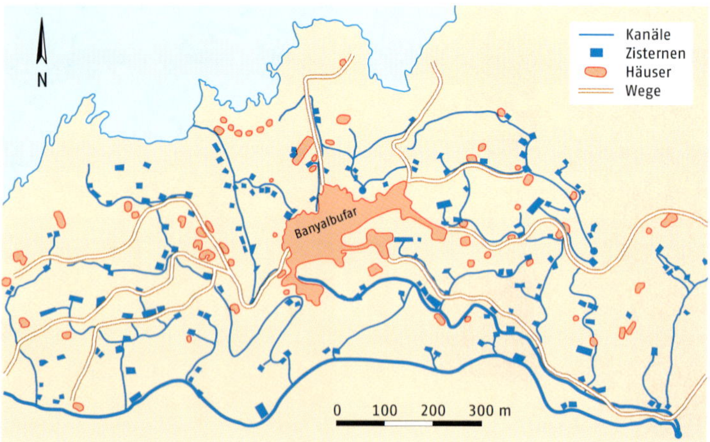

Bewässerungssystem in Banyalbufar

aromenreichen, süßen Dessertwein herzustellen, der nach der christlichen Rückeroberung zum Lieblingswein der Könige von Aragón avancierte. Bis heute hält sich auf der Insel das Gerücht, König Jaume I. von Aragón hätte Mallorca vor allem wegen des Weines zurückerobert. Von seinen maurischen Anfängen bis zum Niedergang des mallorquinischen Weinbaus war Banyalbufar berühmt für seinen Malvasier, der sich zusammen mit dem auf den Kanaren angebauten Malvasier in den Häusern des Adels und der Reichen in ganz Europa großer Beliebtheit erfreute. Selbst in der Weltliteratur findet er Erwähnung. So äußerte bereits Shakespeares Falstaff den Wunsch, er möge in einem Fass Malvasier ertrinken. Die Reblaus, die im 19. Jh. den Sprung von Nordamerika nach Europa schaffte, gelangte 1840 auch nach Mallorca und setzte dem Weinbau hier ein jähes Ende. Daraufhin bestellten mallorquinische Bauern die Terrassen überwiegend mit Feldfrüchten, darunter auch Tomaten, und trugen so zur Erhaltung der schwebenden Gärten bis heute bei. Die durch den Tourismus in der zweiten Hälfte des 20. Jh.s eingeleitete Phase des landwirtschaftlichen Niedergangs und der damit in Banyalbufar einhergehende Verfall der Kulturlandschaft scheinen abgewendet.

Costa Brava mit den Terrassen von Banyalbufar

Obwohl ca. 70 % der Einwohner im Dienstleistungssektor beschäftigt sind und nur knapp mehr als 4 % ihr Auskommen in den insgesamt 15 landwirtschaftlichen Betrieben des Ortes verdienen, werden mehr und mehr der zwischenzeitlich brach gefallenen Terrassen aus Gründen des Landschaftsschutzes und wegen ihres touristischen Potenzials wieder instand gesetzt. Immerhin sind heute nur noch 13 % der Terrassenmauern als zerstört anzusehen, 50 % kann ein guter Zustand attestiert werden (Consell de Mallorca o. J.). Die Betriebsgrößen sind sehr unterschiedlich und reichen von weniger als 1 ha (drei Betriebe) bis zu maximal 20 ha (insgesamt zehn Betriebe). Die Terrassen Banyalbufars nehmen heute etwa 70 ha ein und bieten noch immer das Bild eines Nutzgartens mit bunter Anbaufülle: Grünfutter, Getreide, Kartoffeln und Gemüsesorten neben Oliven und Obstbäumen. Die einstige Dominanz der Tomate, die Mitte des 20. Jh.s hier in allen erdenklichen Sorten und Varietäten angebaut wurde und Banyalbufar in der Zeit des aufstrebenden Tourismus am Leben erhielt, ist verschwunden. Für ihren Anbau passten die Bauern das arabische Bewässerungssystem an den hohen Wasserbedarf dieser Kulturpflanze an, und Mitte des 20. Jh.s entstanden auf den Terrassen noch zahlreiche Wassersammelanlagen, die vom Ort aus gut zu sehen sind. Tomaten, die Grundlage vieler Gerichte der mallorquinischen und spanischen Küche, vor allem auch von *sa frit*, der mallorquinischen Saucengrundlage schlechthin, werden heute hier kaum noch angebaut, und wenn, dann nur für den Eigenbedarf. In Anbetracht der Umgebung, in der die Tomaten in Banyalbufar wachsen, erscheint ihr alter deutscher Name „Paradiesäpfel“ auf einmal merkwürdig stimmig.

Das mallorquinische Flachland – viel mehr als nur flach

Ähnlich wie die Serra de Tramuntana ist auch das mallorquinische Flachland keine homogene Landschaftseinheit. Sie setzt sich zusammen aus der Ebene zwischen den beiden Gebirgszügen (Es Pla), aus der Schwemmfächerzone am Fuß der Serra de Tramuntana (Es Raiguer), aus den Schwemmlandebenen am Meer und den Küstenebenen (Marinas) im Südosten der Insel. Die tiefstgelegenen und gleichzeitig von ihrer Entstehungsgeschichte jüngsten Bereiche bilden die Schwemmlandebenen von Palma, Campos und Alcúdia. Sie liegen durchschnittlich 100 m tiefer als das übrige Flachland. Es handelt sich bei ihnen um die deltaartigen Mündungsbereiche der Gebirgsbäche ins Meer. Die Bäche lagerten seit den Kaltzeiten des Pleistozäns im Gebirge abgetragenes Bodenmaterial hier ab und sorgen noch heute bei Hochwasserereignissen für zum Teil schadensreiche Überschwemmungen (vgl. Kap. 3.1). Diesem Bodenmaterial verdanken die Böden ihre natürliche Fruchtbarkeit. Durch die tiefe Position im Relief liegen die Grundwasserkörper in den Schwemmlandebenen nahe der Oberfläche, sodass die Bewässerung des Landes ursprünglich einmal relativ leicht zu bewerkstelligen war und ein gewinnbringender intensiver Bewässerungsfeldbau entstand. Gemeinsam mit dem aus Oberflächengewässern gespeisten Bewässerungsfeldbau der Serra de Tramuntana nehmen bewässerte Flächen insgesamt 9 % der landwirtschaftlichen Nutzfläche Mallorcas ein.

Der Es Pla ist in weiten Teilen weniger fruchtbar als die Schwemmlandebenen, denn der Untergrund besteht überwiegend aus miozänen Molassesedimenten, also aus grobem Verwitterungsschutt, der aus dem Gebirge in die Ebene abgelagert wurde.

Vereinzelt werden die Sedimente des Flachlandes von mesozoischen Kalken und Dolomiten durchragt (Grimalt et al. 1991). Diese unvermittelt aus der Ebene auf über 300 m aufsteigenden Erhebungen (Puig de Santa Magdalena, Puig de Randa, Puig de Bonany und Puig de Son Seguí) bilden charakteristische, weithin sichtbare Landmarken.

Es gibt im Es Pla mit Ausnahme der Sumpfgebiete keine dauerhaften Oberflächengewässer, und weil hier mangels Relief auch Regenwasser führende Wildbäche (Torrenten) fast völlig fehlen, sind die Menschen seit Beginn der Besiedlung vor ca. 2000 Jahren auf das Sammeln von Regenwasser und die Entnahme von Grundwasser angewiesen. Die Grundwasserkörper liegen zumeist aber tief, sodass hier – wie auf insgesamt 90 % der landwirtschaftlichen Nutzfläche Mallorcas – in der Regel der Trockenfeldbau die klassische Nutzungsform ist. Nur mit den winterlichen Niederschlägen, ohne jegliche zusätzliche Bewässerung, werden Getreide, Fruchtbäume und stellenweise etwas Wein angebaut.

Am Fuß der Serra de Tramuntana hebt sich der Es Raiguer deutlich vom Es Pla ab. Charakteristisches Merkmal der Zone, die sich zwischen Palma und Alcúdia entlang des Gebirges erstreckt, sind die zahlreichen Schwemmfächer der Gebirgsbäche, die hier fruchtbares Bodenmaterial aus dem Gebirge abgelagert haben. In der gesamten Zone ist daher ein ertragreicher Trockenfeldbau, gelegentlich auch Bewässerungsfeldbau, möglich. Der Es Raiguer bildet schon seit der Römerzeit die Hauptsiedlungsachse Mallorcas. Wie Perlen an einer Schnur reihen sich die Siedlungen aneinander und verbinden die beiden alten römischen Zentren Palmira (Palma) und Pollentia (das heutige Alcúdia) miteinander.

Völlig gegensätzlich zu allen anderen landwirtschaftlich genutzten Gebieten des mallorquinischen Flachlandes präsentieren sich die topfebenen Marinas (Marina Llucmajor und Marina de Santanyí), bei denen es sich um ehemalige Korallenriffe oder verfestigte Dünen handelt. In beiden Fällen konnte sich nur eine sehr dünne Bodendecke entwickeln, sodass an eine

Blick auf Millionen Bäume – Baumkulturen im Es Pla

ackerbauliche Nutzung hier nur selten zu denken war. Die eindrückliche, extreme Ebenheit des Geländes ist besonders deutlich zwischen Llucmajor und Cap Blanc zu sehen. Migjorn (zu Deutsch: „Mittag") nennen die Mallorquiner diesen Landstrich, weil er mit Ses Salines, das jährlich weniger als 400 mm Niederschlag erhält, den trockensten, sonnigsten und heißesten Teil der Insel umfasst. Nirgends sonst auf der Insel als hier wurden Kaktusfeigen zur Begrenzung von Gehöften gepflanzt, um in besonders knappen Zeiten, wenn die Niederschläge einmal ausblieben, Zusatznahrung für die Tiere, aber auch die Menschen zu haben.

Im Land der Windmühlen – Bewässerungsfeldbau auf Mallorca

Die fruchtbaren Schwemmlandebenen von Campos, Palma und Alcúdia sind traditionell die Gebiete des Bewässerungsfeldbaus auf Mallorca. Das hochstehende Grundwasser wurde mit Mühlen an die Oberfläche befördert. Das älteste, auf der ganzen Insel verbreitete Wasserschöpfsystem bestand aus einem horizontalen, von Tieren angetriebenen Stein, mit dessen Hilfe Wasser aus der Tiefe gefördert wurde. Auch die Getreidemühlen folgten diesem Prinzip und mahlten das Getreide zwischen zwei von Maultieren und Eseln in schier endlosen Runden im Kreis angetriebenen horizontalen Mühlsteinen.

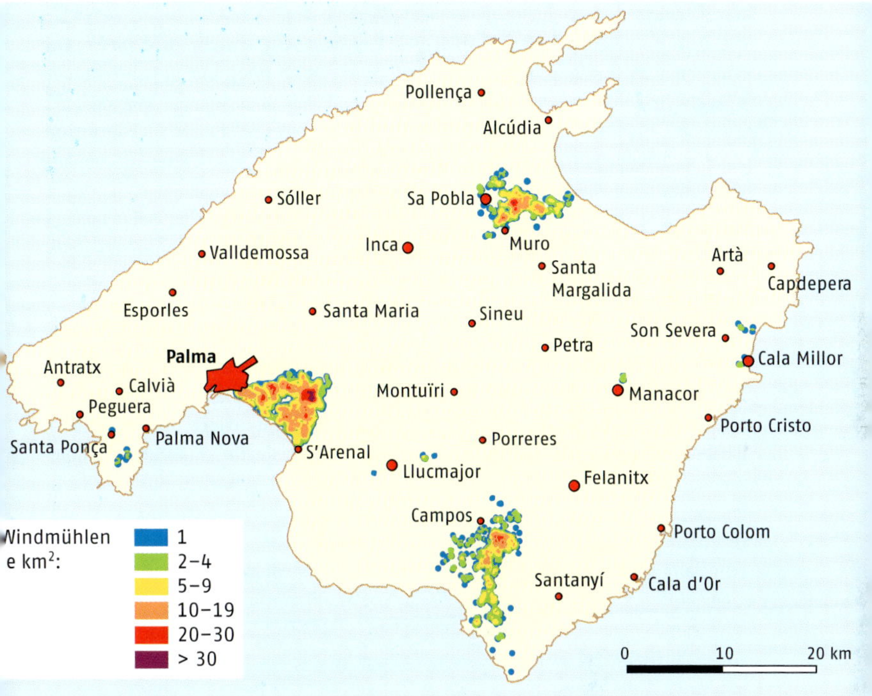

Räumliche Verteilung der Windmühlen zur Grundwasserförderung

Erst im 15. Jh. endete die Sisyphosarbeit der Tiere in den Getreidemühlen. Ihre Muskelkraft wurde durch Windkraft ersetzt. Es sollten aber noch vier weitere Jahrhunderte vergehen, bis ein Holländer 1847 erstmals eine windbetriebene Getreidemühle in eine Wasserfördermühle umwandelte. Seither prägten die weithin sichtbaren, mit Flügeln unterschiedlichster Bauart bestückten Windmühlen das Erscheinungsbild der Schwemmlandebenen. Ihre räumliche Dichte (vgl. Abb. oben) bezeugt nicht nur die Intensität der Wasserentnahme in den Gebieten des Bewässerungsfeldbaues, sondern bildet auf eindrückliche Weise auch ihre geographische Lage sehr genau ab. Meistens sind sie leicht von den gleichmäßig über die ganze Insel verbreiteten Getreidewindmühlen zu unterscheiden, die naturgemäß sehr oft auf exponierten, grundwasserfernen Anhöhen stehen, häufig durch ihr spitzes Dach eine raketenähnliche Form und keine seitlichen Wasserauffangbecken haben. Mit der Erfindung und Einführung von Elektro- und Dieselpumpen verfielen die unnütz gewordenen Gehilfen der Landwirtschaft mehr und mehr. Die meisten von ihnen standen lange still, ganz ohne oder mit abgebrochenen Flügeln in der Landschaft – traurige Zeugen eines überstürzten Wandels der Zeit, der Technik und von gesellschaftlichen Werten. Doch ihre stumme, aber sichtbar mahnende Botschaft konnte nicht für alle Zeiten übersehen werden.

Endlich, in den 1980er Jahren, nach einer langen Zeit, in der Mallorca sich nur über seine wirtschaftlichen Erfolge aus dem Tourismus zu identifizieren schien, erwachte in der mallorquinischen Bevölkerung der Wunsch nach kultureller Abgrenzung.

Die Rückbesinnung der Einheimischen auf ihr kulturlandschaftliches Erbe und ihre kulturelle Identität führte in den 1990ern zu ihrer Wiederbelebung. Im Rahmen spezieller, vom Inselrat (Consell de Mallorca) finanzierter Mühlenförderprogramme wurden viele wieder restauriert und erstrahlen heute in altem Glanz. Dabei brachte ihre Inventarisierung eine kleine Ungerechtigkeit an den Tag. Die Huerta de Campos wird – obwohl nur 629 Mühlen gezählt wurden – im Volksmund seit jeher auch „Tal der tausend Windmühlen“ genannt. Der poetische Name stünde aber eigentlich dem Becken von Palma mit seinen 1 112 Windmühlen zu. Dagegen ist das dritte Zentrum

Becken der 1 000 Windmühlen – Historische Windräder zur Grundwasserförderung bei Palma

des Bewässerungsfeldbaues, Sa Pobla/Muro in der Schwemmlandebene von Alcúdia, mit nur 387 Mühlen weit von diesem Titel entfernt.

Die in allen drei Schwemmlandebenen günstigen Voraussetzungen führten ursprünglich zu einer gleichermaßen intensiven Landwirtschaft. Im Laufe der Zeit durchliefen sie aber unterschiedliche Entwicklungen, sodass sie sich heute sehr deutlich voneinander unterscheiden.

Campos In Campos fand in den 1930er Jahren eine Umstellung der Landwirtschaft vom Ackerbau auf Milchviehhaltung statt. Diese Umstellung vollzogen die Landwirte nicht wirklich freiwillig. Die übermäßige Wasserentnahme aus dem Grundwasserkörper führte aufgrund der nahen Lage zum Meer zu einem Eindringen von Meerwasser und einer Versalzung der Grundwasservorräte (vgl. Kap. 6). Das geförderte Grundwasser eignete sich immer weniger zur Bewässerung von Feldfrüchten und erzwang die Neuorientierung der Landwirtschaft. Um die Milchviehhaltung möglich zu machen, wurden Futterpflanzen angebaut, allen voran Luzerne, die heute mehr als 60 % der bewässerten Anbaufläche (810 ha) einnimmt. Die Landwirtschaft in Campos kämpft aufgrund großer ökologischer und agrarstruktureller Probleme gegenwärtig wieder um ihr Überleben, das nicht mehr mit Umstellungsmaßnahmen gesichert werden kann. So sind die Viehbestände viel zu klein, um auf dem EU-Agrarmarkt konkurrieren zu können. Ihre Vergrößerung ist nicht möglich, da die Kapazität zur Futtererzeugung nicht gesteigert werden kann. Im Gegenteil, die zunehmende Versalzung in der Vergangenheit – von 1986 bis 1992 verfünffachte sich der Salzgehalt des Grundwassers – führte zu Einbußen in der Produktion der Futterpflanzen. Das stark salzbelastete Futter wiederum verursacht Krankheiten beim Vieh, einhergehend mit einer eingeschränkten Milcherzeugung. Die Perspektivlosigkeit der Landwirtschaft in der Huerta de Campos äußert sich auch darin, dass innerhalb eines Jahrzehnts, von den 1980er Jahren zu den 1990ern, die Fläche des Bewässerungsfeldbaus um ein Drittel geschrumpft ist, von ursprünglich insgesamt 22 % Anteil an der landwirtschaftlichen Nutzfläche auf 15 %. Viele der aufgegebenen Flächen fielen brach und blieben ohne Folgenutzung.

Becken von Palma Trotz seiner 1112 Windmühlen vollzieht sich in der Schwemmlandebene von Palma ein tiefgreifender Landschaftswandel. Die Landwirtschaft, die auch diese Region einmal prägte, wurde in den vergangenen Jahrzehnten sehr stark zurückgedrängt. Die Raumforderungen des Ballungsgebietes Palma sind immens groß und vielfältig. Entsprechend schnell fressen sich die für einen Verdichtungsraum typischen Infrastrukturen wie Industrie- und Gewerbeflächen, neue Wohngebiete, der Flughafen und ein dichtes Straßennetz, über das der chaotische Verkehrsstrom der

Stadt ins Umland fließt in das einstige Agrarland. Zurzeit gibt es ihn noch, den Raum für landwirtschaftliche Nutzung, aber die raumplanerische Bestimmung des Beckens von Palma als städtisch-industrielles Zentrum der Insel ist festgeschrieben. Und so ist es nur eine Frage der Zeit, bis die meisten der landwirtschaftlichen Flächen überbaut sein werden.

Sa Pobla/Muro Im Gebiet der beiden südlich der Bucht von Alcúdia gelegenen Gemeinden Sa Pobla und Muro bestimmt noch immer der traditionelle mallorquinische Bewässerungsfeldbau das Bild der Landschaft und das Selbstverständnis der Region. Die Wirtschaft von Sa Pobla und Muro basiert weiterhin auf der Landwirtschaft, in der noch immer 15,5 % der Bevölkerung ihren Lebensunterhalt verdienen (zum Vergleich: Im inselweiten Durchschnitt sind es nur 2,4 %). Damit ist Sa Pobla die Gemeinde auf Mallorca mit dem höchsten Anteil an in der Landwirtschaft beschäftigten Erwerbstätigen. Über 3 054 ha landwirtschaftliche Fläche verfügt das Gebiet, 70 % davon (2 130 ha) sind Bewässerungsland. Ohne Konkurrenz sind Kartoffeln die Hauptanbau-

Kartoffeln im Bewässerungsfeldbau bei Sa Pobla

frucht und nehmen die Hälfte des bewässerten Landes ein. Sie werden überwiegend auf dem mallorquinischen Markt angeboten und nur zum kleineren Teil auf das spanische Festland (Katalonien) exportiert. Seit der Einführung der Folienkultur avancierten die Erdbeeren, neben Futterpflanzen und Obstbäumen, zu einer wichtigen Anbaufrucht. Die intensive Landwirtschaft hat sich hier im Wesentlichen in der zweiten Hälfte des 19. Jh.s entwickelt. Wichtige Voraussetzung hierfür war die Trockenlegung von Teilen des küstennahen Sumpfgebietes S'Albufera (vgl. Kap. 4), wodurch 2150 ha Neuland gewonnen wurden. Ein Fünftel davon musste sehr schnell wieder aus der Nutzung genommen werden, weil die Böden versalzten. Wie sehr sich die Gemeinden als bäuerliche Gesellschaft verstanden, zeigt sich in der Gründung der bis heute existierenden Genossenschaft „Cooperativa Agricola de Sa Pobla", die über eine eigene Spar- und Darlehenskasse verfügt. Sie war ein entscheidender Impulsgeber für die Entwicklung und Förderung der Landwirtschaft hier, indem sie die Mechanisierung (Maschinenpark) und technische Neuerungen (z. B. Tröpfchenbewässerung, Folienkulturen) einführte sowie die Vermarktung der Produkte übernahm. Und auch heute noch ist die Genossenschaft ein wichtiger Garant für das Fortbestehen des bäuerlichen Berufsstandes – entgegen dem vielfachen politischen Willen. In einer seit den 1990er Jahren geführten Kontroverse gibt es immer wieder Versuche, die Landwirtschaft zum Aufgeben zu bewegen, da sie im Konflikt um die knappen Wasserressourcen mit dem Tourismus konkurriert, kaum etwas zum Bruttosozialprodukt beitrage, aber riesige Wassermengen für sich beanspruche. Unterstützt von großen Teilen der mallorquinischen Bevölkerung, haben die Bauern von Sa Pobla und Muro allen Anfeindungen bislang widerstanden.

Die Betriebe hier besitzen eine Größe von 3–5 ha. Ausnahmslos jeder Betrieb verfügt über eigene Brunnen zur Förderung von Grundwasser. Die Ausbringung des Wassers erfolgt nur zu 19 % in Form der Wasser sparenden Tröpfchenbewässerung und zu 81 % noch über Wasser vergeudende Besprenklungsanlagen. Der Wasserverbrauch auf dem Bewässerungsland beläuft sich auf 6000 m^3 je Hektar und Jahr (Karim et al. 2008). Der nicht allzu hohe Verbrauch ergibt sich daraus, dass die Hälfte der Fläche von Früh- und mittelspäten Kartoffeln eingenommen wird, die während des Winters und zeitigen Frühjahrs wachsen und bereits im April/Mai geerntet werden. Während der heißen Sommermonate muss keine Bewässerung des Landes mehr vorgenommen werden. Als Kuriosum sei erwähnt, dass hier, im küstennahen Flachland, im Winter tatsächlich ein nicht näher zu quantifizierendes Budget an Wasser verbraucht wird, das die Landwirte zur Benebelung der Kartoffeln als Prävention gegen eventuelle Frostschäden einsetzen.

Auch die Agrarlandschaft von Sa Pobla/Muro ist nicht frei von den typischen ökologischen Problemen einer intensiven Landwirtschaft. Der hohe

Düngemittel- und Pestizideinsatz verschlechtert die Wasserqualität zusehends. In einem Liter Wasser sind bis zu 700 mg schädliches Nitrat enthalten (Candela et al. 2007), das sind 14-mal mehr, als die deutsche Trinkwasserrichtlinie erlaubt. Und auch hier führt die Übernutzung der Grundwasserreservoirs zu ihrer Versalzung durch eindringendes Meerwasser. Kernproblem bleiben aber die konkurrierenden Wasseransprüche der Landwirtschaft mit den Wasserforderungen des Tourismus in der Bucht von Alcúdia und dem natürlichen Wasserbedarf des unter Naturschutz stehenden Feuchtgebietes S'Albufera. Der Konflikt um diese knappe Ressource spitzt sich besonders in den als klimatologisches Muster immer wiederkehrenden zwei bis vier besonders trockenen Jahren zu. In dieser Zeit verschlechtert sich die Wasserversorgung in der Schwemmlandebene von Alcúdia drastisch. Es kommt zu einem sprunghaften Anstieg des Salzgehaltes im Grundwasser, und die allgemeine Wasserknappheit führt zur Rationierung der Ressource, die dann nicht mehr zu jeder Zeit aus den Leitungen fließt. Der entsprechende Unmut aller übrigen Beteiligten entlädt sich dann in einer zum Teil harschen Polemik gegen den Bewässerungsfeldbau.

Die Kornkammer Mallorcas

„Nostra Mallorca de sempre", das ursprüngliche Mallorca, das ist der Es Pla für die meisten Mallorquiner noch heute. Zu weit waren die Wege für Menschen und Güter zum Meer, zu wenig spektakulär erschienen Landschaft und Relief, als dass sich hier Industrie oder ein nennenswerter Tourismus hätten etablieren können. Im Es Pla scheint alles beim Alten: ein traditionelles Land der Bauern, verschlafenes Einsprengsel in der rundum von Erschließung und Veränderung betroffenen Insellandschaft, ein Überbleibsel scheinbar aus einer anderen Welt. Malerisch wie er ist, strahlt der Es Pla Ruhe aus und versetzt den Betrachter stellenweise zurück in eine andere Zeit mit beschaulicherem Lebensrhythmus. Dabei vergessen wir allzu oft, dass das Land seine Bewohner früher eher schlecht als recht ernährte und seine Bewirtschaftung bis heute keine romantische Angelegenheit, sondern schweißtreibende Arbeit ist. Angesichts der nostalgischen Ausstrahlung dieses Landstriches, in der ein für einheimische und fremde Besucher gleichermaßen großes Erholungs- und Genusspotenzial liegt, ist das nur allzu verständlich, und die verklärte Wahrnehmung ihrer Heimat erfüllt die Bewohner mit heimlichem Stolz.

Über Jahrhunderte lag der Schwerpunkt der landwirtschaftlichen Produktion der Insel hier, im dünn besiedelten Es Pla. In traditionellem mediterranem Trockenfeldbau wurden in der Kornkammer der Insel seit jeher

Im Zentrum Mallorcas – Getreideanbau bei Llubí

Getreide und Wein angebaut. Der Weinbau hat sich nach der großen Reblausepidemie nie wieder von den erlittenen Flächeneinbußen erholt. Gerade einmal 34 607 hl Wein werden aus den zurzeit angebauten Weinstöcken noch gewonnen (Conselleria d'Agricultura i Pesca 2009). An seine Stelle traten Mandelkulturen, die heute das wellenförmige Relief aus weiten Tälern und sanften Hügeln über ausgedehnte Strecken einnehmen. Nicht selten wird auch unter den Mandelbäumen in stockwerkartiger Nutzung noch Getreide angebaut, das den dort weidenden Schafen als Nahrung dient. Insgesamt nimmt das Getreide 54 % der landwirtschaftlichen Anbaufläche im Es Pla ein.

Im Vergleich zum intensiven Bewässerungsfeldbau war und ist der extensive Trockenfeldbau nur wenig rentabel. Die übermächtige Konkurrenz des aufkommenden Tourismus führte seit den 1950er Jahren im Es Pla wie andernorts auf der Insel dazu, dass aus dem Trockenfeldbau Arbeitskräfte und das Investitionskapital der Banken abgezogen wurden. Die Aufgabe von Betrieben und Nutzfläche war die zwangsläufige Folge. Dadurch wurde der Weg zwar frei für eine Flächenzusammenlegung und die Schaffung größerer Betriebseinheiten mit höherer wirtschaftlicher Rendite. Gleichzeitig aber trieb der Tourismus die Bodenpreise auch hier in die Höhe und verhinderte diese betriebswirtschaftlich sinnvolle Reorganisation. So sind auch heute

Stete Begleiter im ländlichen Mallorca – Schafe unter Mandelbäumen

noch drei Viertel der landwirtschaftlichen Betriebe kleiner als 10 ha und in überwiegender Mehrheit Familienbetriebe, denn bei 82 % der Beschäftigten handelt es sich um die Besitzer selbst und/oder Familienangehörige. Dennoch liegt der Anteil der in der Landwirtschaft Beschäftigten mit bis zu maximal 13,5 % (in Ariany) deutlich über dem balearischen Durchschnitt von 2,4 %. Die wenigen großen, noch aus der Gutsherrenzeit vor Beginn der Reblausepidemie stammenden Landgüter werden in der Regel nicht mehr landwirtschaftlich genutzt. Die Zukunft des Trockenfeldbaus im Es Pla ist alles andere als gesichert, was auch daran zu erkennen ist, dass 53 % der Eigentümer landwirtschaftlicher Betriebe älter als 60 Jahre sind. Noch immer ist es der Tourismus, der die Landwirtschaft „schwächt", wenn auch in ganz anderer Form als in seinen Anfängen. Die bis in die jüngste Zeit hinein hohe Nachfrage nach Zweitwohnsitzen griff auch auf das mallorquinische Flachland abseits der Küsten über. Und so ist es die Umwandlung in Bauland, die augenblicklich eine verführerische Alternative zur Landwirtschaft bietet.

Geographischer Mittelpunkt und Zentrum des Trockenfeldbaues im Es Pla ist Sineu. Die kleine, von Kornfeldern umringte Siedlung im sicheren Inselinneren macht einen ebenso erstaunlich städtischen Eindruck wie ihre

Bewohner einen stolzen. Es ist ein ererbter Stolz, der von Generation zu Generation weitergegeben wird. Er wurzelt zum einen in dem Bewusstsein, über Jahrhunderte einen entscheidenden Beitrag zur Ernährung der Insel geleistet zu haben, und zum anderen darin, nach der Vertreibung der Mauren etwa ein Jahrhundert lang die Hauptstadt der Insel gewesen zu sein. Sehr traditionsbewusst präsentieren die Einwohner von Sineu sich selbst und ihre unverfälscht ländliche Lebensweise. Noch immer findet jeden Mittwoch ein Bauernmarkt statt, dessen breites Angebot dem eines ins Freie versetzten Lebensmittelladens mit angeschlossenem Kaufhaus gleicht. Er wird zwar von Jahr zu Jahr etwas touristischer, hat aber für die ortsansässige Bevölkerung noch immer den Vorteil, dass Waren, jede Menge Fremde und mit ihnen Geldmittel nach Sineu kommen. Einheimische und Fremde beobachten einander neugierig, zwei Parallelwelten, die sich für kurze Zeit berühren, ohne sich jedoch zu vermischen. Und wenn die Besucher Sineu am Abend wieder verlassen haben, dann scheinen sie genauso spurlos an Stadt und Menschen vorübergegangen zu sein, wie die Einheimischen es beispielsweise von den Römern und Mauren behaupten.

Mandeln – das bittersüße Geschick des mallorquinischen Flachlandes

Filigrane Bäume mit hellgrünem Laub zieren in lockeren Beständen weite Teile des mallorquinischen Flachlandes, die Schwemmlandebenen ausgenommen. Im Winter, je nach Witterung Ende Januar bis Mitte/Ende Februar, knospt und bricht der Frühling aus ihnen hervor. Dann überziehen zarte weiße und weißrosa Schleier aus Abermillionen Blüten die Landschaft. Es ist die Zeit der Mandelblüte. Die wahrscheinlich mit den Arabern nach Mallorca gelangten Mandelbäume sind heute eine der am weitesten verbreiteten Kultursorten der Insel. Das war nicht immer so. Ihre Anbaufläche erfuhr erst nach der Reblausepidemie Ende des 19. Jh.s ihre enorme Ausdehnung. Bis in die 1950er Jahre waren sie als Lieferant des wichtigsten mallorquinischen Exportguts auch in wirtschaftlicher Hinsicht sehr bedeutend. 5 Mio. Mandelbäume auf 22 000 ha Anbaufläche gibt es auf Mallorca (Conselleria d'Agricultura i Pesca 2002), die meisten davon im Flachland. Sie liefern einen jährlichen Ertrag von 12 000 t Mandeln, die im Spätsommer in traditioneller Erntetechnik mit Stöcken von den Bäumen in zuvor darunter ausgebreitete große Netze geschlagen werden. Der Baumnachwuchs stammt aus spezialisierten Baumschulen, viele davon sind in der Gegend von Montuïri angesiedelt. Hier werden die Bäumchen herangezogen, im Alter von zwei Jahren zurückgeschnitten und ihnen eine der insgesamt 67 angebauten Mandelsor-

Zeit der Mandelblüte im Es Raiguer bei Lloseta

ten (IRFAP, o. J.) aufgepfropft. Eine dieser Sorten ist die als Backaroma, aus der Kosmetik- und Heilmittelindustrie oder aus Kriminalfilmen berühmte Bittermandel (*Prunus amara*), deren Kern Zyankali enthält. Tödliche Folgen entwickelt das gefährliche Pflanzengift allerdings erst beim Genuss eines Gerichtes, das etwa ein Dutzend Bittermandelkerne je Portion enthält. Glücklicherweise würden die Geschmacksnerven in Anbetracht der enormen Bitterkeit eines solchen Gerichts seinen Verzehr bestreiken.

Ihre endgültige Größe und Leistungsfähigkeit erreichen die Bäume im Alter von zehn bis 15 Jahren, die sie dann etwa 50 Jahre beibehalten. Nach dieser Zeit altern sie schnell, ihre Blühwilligkeit lässt sehr rasch nach, es ist an der Zeit, sie durch neue junge Bäume zu ersetzen. Um den Marktwert der auf Mallorca angebauten Mandeln zu schützen, hat die Vereinigung zur Förderung der mallorquinischen Mandeln das Gütesiegel *Ametla de Mallorca*, „Mallorquinische Mandel", entwickelt. Unter dieser Schutzmarke dürfen nur solche Mandeln vertrieben werden, die genau festgelegte Qualitätsstandards erfüllen. Wahrhaft einzigartig in ihrem Geschmack sind sie dank ihres weichen Kerns vor allem für Süß- und Nachspeisen hervorragend geeignet. Entsprechend begegnet man ihnen nicht nur als Rohprodukte mit Schale, als ganzen Mandelkernen (geschält und ungeschält) oder als Mandelöl, sondern vor allem in der Vielfalt hinreißender süßer Leckereien wie Mandellikör, Marzipan, Mandelschokolade, Mandelplätzchen oder dem typischen *Turró*, jener Spezialität, in der ganze Mandeln oder große Mandelstücke von einer weißen Eiweiß-Honig-Masse zusammengehalten werden. Ein Festmahl ohne den abschließenden Genuss von mallorquinischem Mandelkuchen, *Gató d'ametlles*, – undenkbar für Einheimische! Kaum vorstellbar auch, dass es Mallorcareisende geben soll, die ohne diesen Genuss mindestens einmal selbst erlebt zu haben, wieder nach Hause reisen.

Das schwarze mallorquinische Schwein

Das schwarze mallorquinische Hausschwein ist ein optisches Kuriosum, eine Seltenheit und eine Delikatesse zugleich. Völlig schwarz sind seine Haut und seine Haare, gerade das Profil seiner Schnauze, nicht besonders groß, aber hängend seine Ohren. Sein kerzengerader Rücken und sein kurzer, breiter Hals, der eine fließende, harmonische Einheit mit Kopf und Körper bildet, verleihen ihm eine stolze, aufrechte Erscheinung. Nachdem vergleichbare Schweinerassen auf Ibiza, Menorca und Formentera ausgestorben sind, ist es die einzige noch existierende einheimische Hausschweinerasse der Balearen und als solche seit 1997 unter Schutz gestellt. Ihr genauer Ursprung ist unbekannt. Sicher ist aber, dass im 2. Jh. v. Chr. unter römischer Herrschaft auf den Balearen bereits die extensive Haltung einer heimischen Schweinerasse stattfand. Die von den Römern daraus hergestellten Wurstwaren im Schweinedarm gelten als die antiken kulinarischen Vorläufer der typischen mallorquinischen Wurstspezialität der Jetztzeit schlechthin: der aus dem Fleisch der schwarzen Schweine hergestellten *Sobrasada*. Sicher ist auch, dass die auf die Römer folgenden Eroberer Mallorcas, die Vandalen, an der genetischen Weiterentwicklung der hier vorgefundenen Hausschweine durch Kreuzungen mit ihren Schweinerassen ebenso beteiligt waren wie die christlichen Eroberer, die die zwischenzeitliche Herrschaft der Mauren im 13. Jh. beendeten. Da die Mauren die Schweinehaltung aus religiösen Gründen selbst nicht betrieben, sie aber auch nicht explizit verboten, verminderte sich der Bestand zwar erheblich, glücklicherweise ohne allerdings auszusterben. Nach der Reconquista wuchsen die Bestände sehr rasch wieder

Junge schwarze mallorquinische Schweine

an. In einer offiziellen Zählung im Jahr 1585 wurden 10769 Tiere ermittelt (Jaume 2007). Das Hausschwein war nach Schaf und Ziege das drittwichtigste Nutztier. Zu Beginn des 19. Jh.s wird das schwarze mallorquinische Schwein, das mittlerweile zur wichtigsten Nutztierart geworden war, von verschiedenen Autoren bereits als autochthone Hausschweinrasse eingestuft.

Seine wissenschaftlich gesicherte Anerkennung als solche durch das spanische Ministerium für Landwirtschaft, Fischerei und Ernährung musste allerdings noch bis 1996 warten. Im 19. Jh. und in der ersten Hälfte des 20. Jh.s wurde die Schweinezucht auf den gesamten Balearen vom schwarzen mallorquinischen Schwein dominiert. Die Schweinbestände setzten sich 1938 zu 97 % aus seiner Rasse zusammen, und es wurden insgesamt 95000 Individuen auf den Balearen gezählt. Jährlich wurden zwischen 10000 und 18000 Tiere exportiert. Und auch aus den Wirtschafts- und Ernährungsverhältnissen auf den Inseln war das mallorquinische Hausschwein nicht wegzudenken, da es ein wichtiger Bestandteil der bäuerlichen Eigenversorgung (Subsistenzwirtschaft) war. Seine hohe wirtschaftliche Bedeutung verlor sich nach dem Zweiten Weltkrieg schlagartig mit der Einführung der intensiven Tierhaltung. Das mallorquinische Hausschwein wurde anfänglich mit produktiveren fremden Rassen gekreuzt und später mehr und mehr durch diese ersetzt, sodass die letzte heimische Hausschweineart der Balearen fast ausgestorben wäre. Nach Jahrzehnten der Geringschätzung fand in den 1980er Jahren, sozusagen in letzter Sekunde, auch hier ein Umdenken statt – weg von der europaweiten Vereinheitlichung hin zur regionalen Identität. Die Mallorquiner begannen die über Jahrhunderte von unterschiedlichen Kulturen gemeinsam vollbrachte züchterische Leistung zu schätzen und auch die kulinarischen Werte der eigenen Kultur.

Es ist hauptsächlich die Ernährung der Tiere, d. h. der Natürlichkeitsgrad, die Frische und die Zusammensetzung des Futters, die später die Qualität und Eigenart ihrer Fleisch- und Wurstwaren bestimmen. Die mallorquinische Rasse ist robust und an die Bedingungen der Umwelt, in der sie entstanden ist, sehr gut angepasst. Die Tiere können in extensiver Haltung im Freien ohne besondere Investitionen oder Haltungsmaßnahmen aufgezogen werden. Ihr Futter besteht aus Getreide, vor allem Gerste, Erbsen und Bohnen, Feigen und dem, was die Weiden hergeben. Aufgrund des trockenheißen Sommerklimas sind das Futterangebot und der Nährwert der Weiden sehr unterschiedlich und insgesamt gering, weshalb die Tiere auf Zusatzfutter ausweichen, das ihnen der Zufall während ihrer Zeit auf den Weiden beschert. Das Spektrum willkommener Zusatzmahlzeiten reicht von den Früchten des Wilden Pistazienstrauches, des Wilden Ölbaumes, der Steineichen bis zu Feigenbäumen. Der herausragende, unverwechselbare Wohlgeschmack der Produkte aus dem schwarzen mallorquinischen

Schwein geht auf eben diese naturbelassene Ernährung zurück. Das Fleisch der schwarzen mallorquinischen Schweine unterscheidet sich durch seine intensiv rote Farbe, seine besondere Zartheit, seinen geringen Fettgehalt und die qualitativ hochwertige Art seines Fettes fundamental von dem in intensiver Tierzucht und sogar in Biobetrieben mit anderen Schweinerassen produzierten Fleisch.

Es war die Verankerung in ihrer traditionellen Wirtschaftsweise und/oder die wirtschaftliche Not, die so manchen Landwirt auch in der zweiten Hälfte des 20. Jh.s noch zur Haltung der einheimischen Schweinerasse bewog und somit den Fortbestand der einheimischen Hausschweinrasse in die moderne mallorquinische Zeit und bis zu ihrer Unterschutzstellung rettete. Seither ist es die steigende Nachfrage nach Produkten dieser Schweinerasse, allen voran nach der *Sobrasada de Mallorca de Porc Negre* (mallorquinische Sobrasada aus schwarzem Schwein), die sie vor dem Aussterben bewahrt. Gab es 1998 nur 30 landwirtschaftliche Betriebe mit insgesamt 447 Schweinen auf Mallorca, so existierten 2005 bereits 79 Betriebe mit 1 440 Tieren (Jaume et al. 2008). Die Zahl der gehaltenen Schweine ist mit durchschnittlich 18 Tieren je Betrieb klein. So ist in 90 % aller landwirtschaftlichen Betriebe die Schweinehaltung ein „Zubrot", und es überwiegt die Produktion von Getreide und Hülsenfrüchten sowie die Schaftierhaltung.

Schwarze mallorquinische Schweine, die für die Herstellung der nach ihnen genannten *Sobrasada* gezogen werden, dürfen nicht mit Schweinen anderer Rassen gekreuzt werden und müssen genetisch zu hundert Prozent rein sein. Um dies zu überwachen, müssen alle Tiere in das vom Landwirtschaftsministerium geführte *Libro genealógico*, eine Art Stammbuch, eingetragen werden. Zu ihrer eindeutigen Identifikation wird ihnen ein Mikrochip eingesetzt. Da der Bestand der Schweineherden noch immer gering ist und die Gefahr von degenerierenden Inzuchterscheinungen groß, gilt das schwarze mallorquinische Schwein noch immer als existenzgefährdet. Das umfangreiche Schutzprogramm umfasst neben detaillierten genetischen Kontrollen auch Maßnahmen, die in der Zucht für den genetischen Austausch zwischen den verschiedenen Herden sorgen. Dies ist umso wichtiger, als die Reproduktion der Schweine, nicht zuletzt aufgrund der natürlichen Lebensbedingungen und der damit verbundenen knappen Nahrungsressourcen, gering ist. Weibliche Tiere werfen zwei Mal im Jahr jeweils acht bis neun Ferkel. Davon überleben bis zum Abstillen am 30. Tag nur sechs, im Jahr also zwölf Nachkommen. Die Gewichtszunahme der Tiere ist aber trotz der begrenzten Futtermenge beachtlich. Bis zum 30. Lebenstag erreichen sie ein Gewicht von 7 400 g, und zwischen dem Lebendgewicht von 25 kg bis 65 kg legen sie täglich 600 g zu (Jaume 2007). Für die begehrte *Sobrasada* werden die Tiere erst mit einem Lebendgewicht von 120 kg (ihr max. Gewicht liegt bei 150 kg), also nicht vor Beendigung ihres ersten Lebensjahres geschlachtet. Der Grund dafür ist, dass sich die Konsistenz und die Zartheit des Fleisches mit dem Alter zunehmend verbessern! Im Gegensatz zur häufig auch industriell hergestellten *Sobrasada* mit meist undefinierbarem Inhalt enthält die *Sobrasada de Porc Negre* ausschließlich das Fleisch des schwarzen Schweins, abgeschmeckt mit jeder Menge Paprikapulver, Salz und anderen, natürlichen Gewürzen. Diese und nur diese *Sobrasada* genießt kulinarischen Kultstatus auf der Insel und ist als Brotaufstrich ebenso beliebt wie in der warmen traditionellen Küche. Besonders entzückt ist so mancher mallorquinische Gaumen, wenn er mit Honig (bevorzugt Rosmarinhonig) bestrichener *Sobrasada de Porc Negre* in Berührung kommt. Ob dies ein spezielles Geschmacksempfinden mallorquinischer Gaumen ist? Probieren Sie es aus!

Auch eine andere mallorquinische Spezialität aus den Backstuben der Insel wird erst durch die Verwendung von Produkten des schwarzen Schweins richtig geadelt: die *Ensaïmada*. Schweineschmalz (auf Mallorca *saïm* genannt) ist der entscheidende Geschmacksträger dieses schneckenförmigen Hefegebäcks. Traditionell ungefüllt, wird mittlerweile auch eine große Bandbreite verschiedenen gefüllter Variationen von den Mallorquinern heiß geliebt und in großen Mengen verzehrt. Ursprünglich „nur“ ein begehrtes

Mallorquinische Gaumenfreuden – Sobrasada und Orangen

Frühstücksgebäck hat es den Aufstieg ins Menü geschafft. Dort bildet es heute neben Mandelkuchen den krönenden Abschluss eines gelungenen mallorquinischen Mahls.

Es Raiguer – Agrarland, Industrie- und Siedlungsachse

Auf den ersten Blick hinterlassen Es Pla und Es Raiguer beim Betrachter den Eindruck traditionell agrarisch geprägter Landschaften. Besonders dicht legen sich die zart weißen bis rosa Schleier der Mandelblüte im ausgehenden Winter über die sanft zur Serra de Tramuntana hin ansteigenden Hänge des Raiguer und hüllen ihn ein in eine leichte Wolke süßlichen Dufts. Der größte Teil der landwirtschaftlichen Nutzfläche wird von Mandelpflanzungen eingenommen, und hier – mehr noch als im Es Pla – ist das eigentliche Mandelland. Auch der Weinanbau spielt in dem mit 345 km^2 rund ein Zehntel der Inselfläche umfassenden Gebiet eine größere Rolle. Und doch wurden die Lebens- und Erwerbsbedingungen der Menschen hier schon lange vor dem Tourismus trotz oder gerade wegen der fruchtbaren Böden weit weniger von der Landwirtschaft diktiert, als dies im Es Pla und anderen ländlichen Gegenden Mallorcas der Fall war.

Die Region im Übergang zur Serra de Tramuntana hat ausgesprochen handwerklichen Charakter. Ihre erfolgreiche wirtschaftliche Vergangenheit ist für aufmerksame Beobachter beim Bummel durch die Dörfer überall spürbar: in Gestalt der herrschaftlichen Häuser, in den vielen großen Kellerrestaurants, ehemaligen Weinlagern großer Bodegas und den überall präsenten handwerklichen Betrieben. Vor dem touristischen Take-off Mallorcas wurzelte der ökonomische Erfolg des Raiguer in der Synergie seiner vielfältigen Wirtschaftsaktivitäten. Die Ausbeute der Braunkohleminen im Untergrund von Lloseta, der handwerkliche Sektor, vor allem die Schuhfabrikation mit der größten Produktionsstätte in Inca, das Textilhandwerk, Glas herstellende Betriebe und vor dem 19. Jh. auch berühmte Fayencemanufakturen boten neben der Landwirtschaft lukrative Beschäftigungsmöglichkeiten. Dass ausgerechnet im Raiguer ein solches Handwerkszentrum entstand, hat zunächst historische Gründe. Nach der christlichen Rückeroberung enteigneten die neuen Herrscher aus Katalonien all die kleinen Landbesitzer, teilten das Land unter den Adligen und der Krone auf und installierten ihr System des Großgrundbesitzes mit Leibeigenen als Arbeitskräfte auch auf Mallorca. Die durchgängig hervorragende Nutzbarkeit des Raiguer, wo kein Relief die Bestellung der fruchtbaren Böden störte, ließ keinen Raum für einen von der Allmacht der Großgrundbesitzer unabhängigen landwirtschaftlichen Broterwerb. Die einzige Möglichkeit auf selbstständige Arbeit in diesem feudalen

System lag im Handwerk. Da Inca bereits im Jahr 1300 per königlichem Dekret die Stadtrechte besaß, hatte es auch das Recht, Handwerk und Handel selbst in eigenen Zünften zu organisieren. Das tat es dann auch und wurde nach Palma sehr bald der wichtigste Ort auf der Insel. So wurde dann auch die erste Eisenbahnlinie zwischen Palma und Inca gebaut und 1873 in Betrieb genommen. Die hervorragende Lage des Raiguer auf der Achse Palma–Alcúdia garantiert eine schnelle und direkte Auslieferung der produzierten Güter, die vom Bahnhof in Inca aus in die Hauptstadt transportiert werden, dort verteilt oder zum Verschiffen in den Hafen weitergeleitet werden konnten. Das Einkommen der Bevölkerung lag folglich deutlich über dem der übrigen Insel. So erklärt es sich auch, dass der Es Raiguer als begehrte Arbeits- und Wohnstätte schon immer eine der am dichtesten besiedelten Regionen war. Selbst während des touristischen Aufschwungs in der zweiten Hälfte des 20. Jh.s verbuchte die Region durch Zuwanderer in die Orte Inca, Lloseta und Marratxí noch einen positiven Bevölkerungssaldo.

Heute leben 86000 Menschen im Raiguer, ein Zehntel der Einwohner Mallorcas. Neben der Hauptstadt Palma, in der mittlerweile die Hälfte der mallorquinischen Bevölkerung lebt, und den touristischen Küstengemeinden ist der Raiguer wichtigster Konzentrationspunkt der Bevölkerung. Trotz diverser wirtschaftlicher Krisen in den vergangenen Jahrzehnten gilt der Raiguer heute als marktorientierter, in kleinen bis mittleren Unternehmen produzierender Industriestandort – der einzige der Insel. Das alles überragende industrielle Gewerbe ist nach wie vor die Schuh- und Lederindustrie. In den wichtigen Produktionsstätten arbeiten aktuell zumeist mehr als 20 % der Beschäftigten im Industriesektor: Lloseta 23,4 %, Inca 22,8 %, Binissalem 21,3 %, Consell 17,2 % (Fundación BBVA 2009). Im inselweiten Durchschnitt arbeiten nur 15 % der Beschäftigten im industriellen Sektor, was die Vormachtstellung des Raiguer als unangefochtenes Industriezentrum Mallorcas unterstreicht. Ein Industriezentrum umgeben von Mandelbäumen und Rebstöcken.

… zeigt her eure Schuh' – Schuh- und Lederhandwerk im Es Raiguer

Handwerk und Industrie war im agrarisch dominierten traditionellen Mallorca seit jeher von untergeordneter Bedeutung. Nichtsdestotrotz existierten verschiedene industrielle Gewerbezweige, die Alltagsprodukte, vornehmlich zur Deckung des Inselbedarfs, herstellten. Dazu gehörte die Herstellung von Ton- und Porzellanwaren, von geflochtenen Gebrauchsgegenständen wie Körbe, Hüte u. Ä. sowie Metallgießereien, Metallschmieden und Maschinenbauindustrie, die beispielsweise Ölpressen, Pflüge, Ackergeräte, Dampfmaschinen, Öfen lieferten. Ein bereits im 19. Jh. bedeutender Industriezweig war die Leder- und Schuhindustrie. Im ausgehenden 19. Jh. existierten auf Mallorca 56 Fabriken, die auf die Gerberei von Leder spezialisiert waren, einige davon auch im Raiguer (Erzherzog Ludwig Salvator 1897). Die Häute hierfür wurden vor allem aus Amerika und Indien bezogen, und zu einem ganz kleinen Teil stammten sie auch von mallorquinischem Vieh. Die notwendigen Gerbstoffe, Eichen- und Kiefernrinde, lieferten die Wald- und Baumbestände der Insel (vgl. Kap. 4). Ein großer Teil des bearbeiteten Leders wurde nach Kuba, auf das spanische Festland, die Kanarischen Inseln oder auch nur nach Menorca exportiert. Der übrige Teil belieferte die Schuhmacherwerkstätten der Insel. Das Schuhhandwerk war zur damaligen Zeit einer der am weitesten entwickelten Industriezweige Mallorcas und blickte bereits auf eine lange Tradition zurück. Die Schuhmacherzünfte sind die ältesten Zünfte überhaupt, sie entstanden unmittelbar nach der Vertreibung der Mauren durch die christlichen Katalanen im 13. Jh. Anders als heute lag das Zentrum der Schuhproduktion Ende des 19. Jh. noch nicht im Raiguer, sondern in Palma und Umgebung (Llucmajor). Hier gab es etwa 88 Schuhmacherbetriebe, die mit zum Teil 80 bis 100 Arbeitskräften zu Recht als Schuhfabriken bezeichnet werden können. Im Raiguer gab es zur gleichen Zeit, vor allem in Inca und Binissalem, zahlreiche kleine Schuhmacherwerkstätten, die zusätzlich zu einem Lehrling nur selten noch mehrere Arbeiter beschäftigten. Trotzdem stellten auch sie von Anfang an nicht nur Schuhe für die örtliche Bevölkerung her, sondern arbeiteten wie die „großen" Unternehmen in Palma für den Export, vor allem in das spanische Amerika.

Das 20. Jh. brachte für die mallorquinische Schuhindustrie ein stetes wirtschaftliches Auf und Ab, das nur die Schuhindustrie im Es Raiguer überlebt hat. Ein erster herber Einbruch erfolgte noch 1898 durch den Verlust der spanischen Kolonien, der enorme Einbußen im Exportgeschäft bedeutete. Die beiden Weltkriege sorgten für volle Auftragsbücher, der Spanische Bürgerkrieg aber führte zu tiefer Rezession. Die mit dem aufkommenden Tourismus in den 1960er Jahren verbundenen Hoffnungen erfüllten sich nicht, und die Schuhproduktion in Inca und Binissalem geriet in den 1970ern erneut in die Krise. Schuld daran hatten vor allem der stagnierende internationale Markt sowie die Ölkrise 1973 und der anschließende kräftige Anstieg der Ölpreise. Dennoch hat sich das schuhproduzierende Gewerbe im Raiguer behauptet. 1981 existierten auf Mallorca 198 Schuhfabriken, 144 davon im Raiguer, die meisten in Inca (98), gefolgt von Lloseta (26), Binissalem (16) und Consell (4). Aus dem lokalen Leder- und Schuhhandwerk haben sich, vor allem in Inca, zum Teil Industrieunternehmen von internationalem Ruf entwickelt (z. B. Camper, Barrats, Ferrutx, Cabrits, Yonker), allen voran die

Firma Camper, deren Schuhe mittlerweile Kultstatus erreicht haben. Auch kleinere Werkstätten konnten sich hier erfolgreich behaupten, maßgeblich deshalb, weil sie sich auf eine bestimmte Produktpalette und einen spezifischen Kundenkreis spezialisiert haben und so der erdrückenden Konkurrenz auf dem internationalen und lokalen Schuhmarkt entgangen sind. In Lloseta haben sich beispielsweise einige Fabriken sehr erfolgreich auf die Herstellung von Berg- und Wanderschuhen spezialisiert und einen über die Balearen hinaus gehenden Bekanntheitsgrad erreicht (z. B. Cabrit). Consell dagegen ist gemeinsam mit Campanet die Wiege und aktuelles Zentrum der *alpargatas mallorquines*, auch *espardenyes* genannt. Dieses ursprünglich aus Ostspanien von der Bevölkerung adaptierte Schuhwerk wird dort noch immer in traditioneller Handarbeit hergestellt. Auch auf die Herstellung der typisch mallorquinischen Sandalen in Handarbeit haben sich einige Betriebe (z. B. Calçats LlaCam in Inca) spezialisiert. Trotzdem hat sich die Schuhindustrie im Raiguer wie auf den gesamten Balearen strukturell sehr verändert. Die seit den 1980er Jahren verstärkt auf den europäischen Markt drängenden Billigimporte aus Fernost kosteten Arbeitsplätze. Auf den Balearen insgesamt halbierte sich die Zahl der Arbeitsplätze im Schuhgewerbe von 1979 (6 284) bis 1993 (3 170). Die Unternehmen fühlten sich gezwungen, neue, immer kostengünstigere Produktionsstrategien einzusetzen, um keine Gewinneinbußen hinnehmen zu müssen. Um mehr Flexibilität zu erreichen, lagerten sie ihre Produktion zunehmend aus in kleine Betriebe und von dort in Heimarbeit.

Die Atomisierung der Produktionsstätten öffnete illegalen Beschäftigungsverhältnissen, wie sie etwa aus dem Baugewerbe längst bekannt sind, Tür und Tor. Carles Manera und Ramon Molina de Dios (2008) vom Institut für Angewandte Wirtschaftswissenschaften der Universität der Balearen vermuten, dass bis zu 40 % der Beschäftigungsverhältnisse in der Schuhindustrie im Raiguer illegal sind, also aus Schwarzarbeit bestehen. Den Prototyp der illegal Beschäftigten beschreiben sie als weiblich, über 40 Jahre alt, aufgrund der angespannten Einkommenssituation der Familie gezwungen, das tägliche Leben mit einem Zusatzverdienst in Heimarbeit zu finanzieren. Alles hat eben seinen Preis im Leben, auch supergünstige Schuhe, selbst wenn er nicht immer vom Käufer bezahlt wird. Davon macht auch der idyllische Raiguer keine Ausnahme.

Vom K.-o.-Tropfen zum europäischen Spitzenwein

Der Raiguer ist nicht nur durch sein Handwerk und seine Industrie eine Besonderheit. Er birgt mit dem Weinanbaugebiet von Binissalem auch eine landwirtschaftliche Besonderheit. Es ist eines von nur zwei autorisierten

Weinanbau bei Binissalem

Anbaugebieten auf Mallorca, die ihre Weine mit dem Zertifikat der Europäischen Union „D.O.C. (Denominación d'Origen Controlada)" auszeichnen dürfen, einer staatlich kontrollierten Ursprungs- und Qualitätsgarantie. Das D.O.C.-Anbaugebiet von Binissalem, zu dem auch die Weinflächen von Sencelles, Consell und Santa María del Camí zählen, umfasst gegenwärtig 436 ha und damit mehr als ein Drittel der mallorquinischen Rebflächen. Das Weindorf Binissalem besitzt in vielerlei Hinsicht eine Sonderstellung. Der Weinbau nimmt hier im inselweiten Vergleich mit ca. 10 % den größten Anteil an der landwirtschaftlichen Nutzfläche einer Gemeinde ein. Auch waren es die Weinbauer dieses kleinen Ortes, die sich fünf Jahrzehnte nach der Reblausepidemie in den 1930er Jahren dafür entschieden, das hervorragende Weinklima und die geeigneten sandigen Kalkböden in ihrer Gemeinde erneut zu nutzen und den Weinbau noch einmal aufzunehmen. Der Anbau von Wein hatte hier bereits vor der alles vernichtenden Epidemie eine lange Tradition, aber keinen guten Ruf. Wie in Banyalbufar legten die Mauren auch die Weinstöcke von Binnisalem an. Während sie in Banyalbufar den zu seiner Zeit europaweit höchst geschätzten Malvasier für den Export anbauten und kelterten, waren die Weinstöcke von Binnisalem für die Produktion von Trauben für den Eigenbedarf als Obst und Rosinen bestimmt. Mit den Mauren verschwand offenbar auch das Knowhow über den Anbau und die Herstellung von Qualitätswein, denn der nachfolgend von den christlichen Katalanen überall „fabrizierte" mallorquinische Wein stand im Verruf, schwer und sehr alkoholhaltig zu sein. Ausgenommen hiervon blieb nur der stets in alter Tradition und Weinbaukunst an der Nordküste (Banyalbufar, Valldemossa) kultivierte Wein. Obwohl vielfach mehr Essig als Genussmittel, florierte das Weingeschäft auf der Insel dennoch so sehr, dass sich die Weinbauern von Binissalem im 14. Jh. empört und handgreiflich gegen Großgrundbesitzer mit Viehhaltung wandten, die ihre Tiere in den Weinbergen weiden ließen. Ihr bewaffneter Widerstand legte sich erst, als dies per Dekret des Inselgouverneurs 1419 verboten wurde (Hammer et al. 1999). Der Wein gewann hier wie überall auf der Insel stetig an Bedeutung und war in der zweiten Hälfte des 19. Jh.s flächenmäßig und wirtschaftlich die wichtigste Kulturpflanze der Insel. Mit dem Weinanbau konnten in klimatisch günstigen Jahren deutlich höhere Reinerlöse erzielt werden als mit jeder anderen Kultursorte. Binissalem war auch zu dieser Zeit schon die Gemeinde Mallorcas mit dem größten Weinanteil. Die Hälfte seiner landwirtschaftlichen Nutzfläche wurde von Rebstöcken eingenommen. Die jährliche Weinproduktion belief sich in dieser Zeit auf 500 000 Liter. Und Erzherzog Luis Salvador attestierte im Jahr 1897 sogar, dass für Rotweine Binissalem der vorzüglichste Distrikt sei. Der Wein war überwiegend für den Binnenmarkt bestimmt, gelangte als Handelsgut teilweise aber auch in die spanischen Kolonien Kuba und Puerto Rico.

Dass dem Wein aus Mallorca trotz insgesamt geringer Qualität dennoch der kurzzeitige Sprung von der Insel in die europäische Welt gelang, verdankt er der Reblaus, die in Frankreich 1863 ihren zerstörerischen Feldzug gegen Europas Weinberge begann und bis 1875 das gesamte Festland weinlos zurückgelassen hatte. In seiner abstinenten Not orderte Europa seinen Wein aus Mallorca, das erst Ende der 1880er Jahre von der Reblaus erreicht wurde. Der Weinnotstand in Europa sorgte auf der Insel für einen Boom in Anbau, Produktion und Verkauf. Qualität spielte keine Rolle, nur Masse war gefragt. Schon in den ersten Jahren nach Beginn der Epidemie exportierte Mallorca fast 56 Mio. Liter Wein nach Europa und Amerika. In Fässern mit einem Volumen von 225 Litern wurde er von Porto Colom aus, dem Hafen von Felanitx, verschifft. Die Ernte der Weinstöcke war längst verkauft, bevor der Wein im Frühjahr überhaupt ausgetrieben hatte. Durch den Weinboom wurde Binissalem sehr schnell sehr reich, was sich noch heute an den stattlichen, schmucken Häusern des Ortes erkennen lässt. Sobald die Reblaus auf der Insel angelangt war, machte sie allerdings binnen kürzester Zeit Tabula rasa auch mit den mallorquinischen Weinstöcken, und der kleine Ort versank in Bedeutungslosigkeit.

Angesichts des sehr schlechten Rufes, den die Massenherstellung von allerniedrigsten Qualitäten dem Wein aus Mallorca in aller Welt eingebracht hatte, war es eine mutige Entscheidung, in Binissalem wieder mit dem Weinbau zu beginnen. Die meisten anderen ehemaligen Weinbaugebiete hatten resigniert und von Wein- auf Mandelanbau umgestellt. Eine neue Winzergeneration in Binissalem aber nahm die Herausforderung an. José L. Ferrer war ein Winzer der ersten Stunde, führender Pionier bei der Wiedereinführung des Weinanbaues und bis heute Impulsgeber für die Entwicklung des Anbaugebietes Binissalem. Das Schicksal seines Weingutes, das er 1931 gründete, ist stellvertretend für das vieler anderer Bodegas im Anbaugebiet von Binissalem. Der spanische Bürgerkrieg und die arme Nachkriegszeit erforderten eher den Anbau lebenswichtiger Güter, und auch der später aufkommende Tourismus erleichterte sein Vorhaben nicht. Die Zeichen der Zeit schienen nicht auf Weinbau zu stehen, und so teilte der Wein anfänglich das Schicksal der übrigen, in den 1960er Jahren rasch zurückgehenden Landwirtschaft auf der Insel.

Die Weinbauer der Familie José L. Ferrer gehörten zu den wenigen Unermüdlichen, die durchhielten, wenngleich auch sie zunächst wie alle anderen Winzer den Fehler begannen, bis in die 1970er Jahre auf Quantität statt Qualität zu setzen. Ihre überwiegend sehr einfachen Weine füllten die Gläser der Touristen, versprachen nur wenig Genuss und umso mehr Nachwirkungen. In den 1980er Jahren, genau zu der Zeit, als die mallorquinische Gesellschaft begann, sich auf ihre traditionellen Werte und ihre Liebe zu (lukullischen) Qualitätsprodukten zu besinnen, vollzog auch die Bodega Ferrer eine Kehrtwende in ihrer Betriebsphilosophie. In den 1990ern dann gelang dem Weingut der große Durchbruch in der Qualität und entsprechend im Absatz seiner Weine. José L. Ferrer feierte im Herbst 2010 seine 80. Weinlese und ist heute ein führender Repräsentant für die neue Weinkultur auf der Insel. Viele ortsansässige Winzer folgten diesem Beispiel, sodass heute neben dem 92 ha umfassenden, größten und allgemein bekanntesten Weingut weitere kleinere Bodegas bestehen, die sich der Herstellung von Qualitätsweinen verschrieben haben. Die Zahl der Weinbaugebiete stieg in den zurückliegenden zwei Jahrzehnten von nur drei (1990) auf 15 (2009), und auch die Rebflächen verdoppelte sich im gleichen Zeitraum fast, von 320 ha auf 621 ha. Zu 80 % werden dort rote und nur zu 20 % weiße Rebsorten gezogen (Denominació d'Origin Binissalem, o. J.). Je nach Klimagunst eines Jahren entstehen dabei insgesamt zwischen 15 000 und 20 000 hl guter Wein, 65 % davon Rotwein, 21 % Weißwein und 14 % Rosé.

Das Gütesiegel D.O.C. erfordert, dass die im Anbaugebiet von Binissalem produzierten Weine zu mindestens 50 % aus einheimischen Rebsorten gekeltert werden: die Rotweine aus Manto negro oder Callet und die Weisweine aus Moll blanc oder Prensal blanc. Entsprechend dominieren diese Reben die Anbauflächen. Der überwiegende Teil (89,7 %) des Weins wurde

2009 auf den Balearen verkauft und sozusagen vor Ort genossen und der kleine Rest exportiert, zu 5,8 % in die EU, in der Deutschland der wichtigste Abnehmer ist, zu 0,4 % auf das spanische Festland und zu 4,1 % in die übrige Welt.

Es ist in hohem Maß dem unternehmerischen Mut der Weinbauern aus dem Raiguer und ihrer Beharrlichkeit im Bestreben nach der Erzeugung von Qualitätsprodukten zu verdanken, dass die Inselweine sich internationales Ansehen erworben haben. Der großen Zahl der Urlauber, die sich Jahr für Jahr von dieser neuen, beeindruckend vielfältigen mallorquinischen Spezialität überzeugen können, ist es mit zu verdanken, dass der Export, vor allem nach Deutschland, und die Nachfrage vor Ort stetig wachsen. Der Weinbau ist im Gegensatz zur übrigen Agrarwirtschaft der Insel ein aufstrebender Wirtschaftszweig. Es ist ein gelungenes Beispiel dafür, dass Tourismus nicht unbedingt in Konkurrenz zur traditionellen Landwirtschaft treten muss, sondern als komplementäre Nutzungsform diese sogar fördern kann.

Die meisten der 15 Weingüter im D.O.C.-Gebiet von Binissalem haben ihre ganz eigene persönliche Weinnote entwickelt. Darunter ist beispielsweise auch die nach rein ökologischen Gesichtspunkten Weinbau betreibende Bodega Jaume de Puntiró in Santa María del Camí – sehr bekannt für ihren zwölf Monate in Eichenfässern reifenden Dessertwein, Vi dolç. Im gleichen Ort ansässig ist die Bodega Macia Batle, deren zu hundert Prozent aus Prensal blanc gekelterter Blanc de Blanc u. a. im Jahr 2000 unter den besten Weinen Spaniens geführt wurde. Die Bodega José L. Ferrer ist spezialisiert auf sehr hochwertige, möglichst sortenreine Weine aus mallorquinischen Reben, die in 2000 Fässern aus französischer und amerikanischer Eiche lagern und unter Weinkennern sehr hohes Ansehen genießen. Immer wieder wird den in Binissalem D.O. produzierten Weinen von verschiedenen spanischen Gourmetweinführern europäische Spitzenqualität bescheinigt. Aber auch Liebhaber guter einfacher Tafelweine direkt vom Fass werden nicht enttäuscht. Zentrum ihrer Herstellung ist Santa Eugènia, wo sich z. B. in der Vinya Taujana solche Weine kosten lassen.

Für Freunde eines guten Tropfens führt kein Weg an der Weinstraße von Binissalem vorbei. Es ist eine Fahrt durch eine mit neuem Selbstverständnis, Selbstvertrauen und Wohlstand ausgestattete, aufblühende Agrarlandschaft. Es ist auch eine genussvolle Entdeckungsreise in die Weindörfer und ihre Bodegas, bei der man begleitet von typisch mallorquinischem Essen vielen sehr guten und vielleicht auch einem neuen persönlichen Lieblingstropfen begegnen kann. Aber Vorsicht! Der Fahrer selbst sollte nur in homöopathischen Dosierungen probieren und ansonsten seine Mitfahrenden genießen lassen. Alkoholkontrollen, auch am helllichten (Werk-)Tag, durch die Polizei sind auf Mallorca gang und gäbe.

Johannisbrotbaum – die wohltätige Wirkung des biblischen Baumes auf Mallorca

Der Johannisbrotbaum (*Ceratonia siliqua*) stammt ursprünglich aus dem sehr trockenheißen Klima der Arabischen Halbinsel und wurde wohl von den Mauren mit auf die Insel gebracht, die sich aber nie die Mühe machten, ihn zu kultivieren. Einmal auf der Insel, wuchs der Johannisbrotbaum nun wild und verbreitete sich überwiegend ohne Zutun des Menschen. Bis heute gibt es keine Johannisbrotbaumplantagen auf Mallorca. Entsprechend seiner Herkunft ist er am häufigsten im besonders warmtrockenen Inselinneren, fernab der feuchten Meerluft, anzutreffen. So wächst er auch in besonders großer Zahl und üppiger Vitalität im Raiguer und im Es Pla. Dort steht er oft locker zwischen oder nahe bei Mandel- und Olivenbäumen, mit denen er eine für die hiesige Kulturlandschaft so typische Baumtrilogie bildet. Sein bis zu zehn Meter hoher, breit ausladender Wuchs, vor allem aber die dunkelgrüne Farbe seiner immergrünen Blätter unterscheiden ihn schon von Weitem deutlich von den beiden anderen Kulturbäumen. Seine zahlreichen, in dichten großen Bündeln herabhängenden Früchte benötigen fast ein Jahr, um zu reifen. Im Winter noch grün, nehmen die 10 bis 25 cm langen

Schoten des Johannisbrotbaumes

Schoten im Verlauf von Frühjahr und Sommer eine immer intensivere schokobraune Farbe an. Die lederartige, feste Haut der Schoten, auch Karuben genannt, schützt das süßliche Fruchtfleisch, das zunächst weich, später sehr hart und lange haltbar ist. Sofort nach der Reife beginnt es zu gären und einen süßlich-schweren Parfümduft zu verströmen. Aus diesem Grund werden die essbaren Früchte im September, noch vor ihrer Ausreifung, geerntet. Ähnlich wie bei der traditionellen Mandel- und Olivenernte werden die Früchte mit Stöcken von den Ästen geschlagen.

Etwa 15 bis 20 kleine, glänzend schwarze Samen enthält jede Karube. Sie sind insofern ein Wunderwerk der Natur, als sie alle das gleiche Gewicht von konstant 0,18 g auf die Waage bringen. Dieser absoluten Zuverlässigkeit wegen wurden sie über lange Zeit als Mess- und Maßeinheit für Edelsteine, Gold und Silber verwendet. Die Griechen gaben den Samen des Johannisbrotbaums – auf ihre Form anspielend – den Namen *Kerátion* („Hörnchen"). Daraus entstand die heute im Schmuck- und Juwelenhandel noch gängige Bezeichnung „Karat".

Seinen Name erhielt der Johannisbrotbaum, weil der biblischen Geschichte nach seine Schoten Johannes dem Täufer bei seinem Gang in die jordanische Wüste als einziges auffindbares Nahrungsmittel dienten. Tatsächlich sind die Schoten dieses Baumes sehr zuckerhaltig (Zuckergehalt von 30–50 %), stärke- und eiweißreich, enthalten aber nur 1 % Fett. Auf Mallorca hatten sie seit ihrer Einführung eine wichtige Bedeutung als Viehfutter. In Zeiten großer Not sicherten die Früchte vielen Mallorquinern, ähnlich wie in biblischer Zeit Johannes dem Täufer, das Überleben. Dies geschah vor allem im 15. und 16. Jh., zur Zeit der sog. kleinen Eiszeit, in der klimatische Unbilden Missernten und Hungersnöte in ganz Europa hervorriefen. Die Schoten wurden geschrotet, um daraus einen Brotersatz herstellen zu können, ohne den noch mehr Menschen den Hungertod gefunden hätten. Angenehm war der übermäßige Verzehr von Johannisbrot für den Verdauungstrakt sicher nicht. Denn wie sich später, in unserer modernen Zeit herausstellen sollte, ist Johannisbrotmehl eine wirkungsvolle Substanz gegen Durchfall und als solche Bestandteil von entsprechenden Heilmitteln. Was seine Nutzung als Brotersatz in Notzeiten für die Menschen bedeutet haben musste, kann man sich leicht vorstellen.

Bereits Anfang des 18. Jh.s war bekannt, dass Johannisbrot auch in „normalen" Zeiten zu mehr als nur Tierfutter verwendet werden konnte. Es wurde beispielsweise als Ersatz für Kakao, zur Herstellung von zuckerhaltigen Produkten und Alkohol verwendet. In den 1930er Jahren begann die Verwertung der Schoten in kleinindustriellem Stil als Kaffeeersatz. Heute steht Johannisbrotmehl hoch im Kurs als Diät- und Naturkostnahrungsmittel, als gesunde Alternative zu Kaffee sowie als hervorragendes Verdickungsmittel und Emulgator. Sehr oft ist es in der Zutatenliste unserer heutigen Lebensmittel (z. B. Süßwaren, Speiseeis, Pudding, Babynahrung) oder in

Kosmetikprodukten aufgeführt. Unter dem Kürzel E 410 ist in der EU sein uneingeschränkter Einsatz als Lebensmittelzusatzstoff in allen Nahrungs-, auch in Bionahrungsmitteln, erlaubt.

Viele Mallorquiner glauben, das Beste, was einer Johannisbrotbaumschote passieren kann, ist, dass aus ihr *Palo* hergestellt wird. Dieser schwarze, leicht zähflüssige, typisch mallorquinische Kräuterschnaps mit dem süßlichen Parfümgeruch überreifer Karuben erinnert weit mehr an streng schmeckenden Hustensaft als an ein alkoholisches Genussmittel. Für die Einheimischen ist er ein nie aus der Mode kommendes Kultgetränk. Eine echte mallorquinische Feier beginnt erst mit dem Servieren von *Palo*. Sie steuert auf ihren Höhepunkt zu, wenn der *Palo* mit Gin gemischt getrunken wird und die geriffelten Flaschen nach ihrer Leerung zu „traditionellen" Musikinstrumenten werden, indem ein Holz in rhythmischen Bewegungen über die geriffelte Glasfläche gezogen wird…

Migjorn – Mallorcas sonnenverbrannte Erde

Im Südwesten des Pla liegen die Küstenebenen (Marinas) von Santanyí und Llucmajor. Dass es sich dabei um ehemalige marine Plattformen aus reinen miozänen Riffkalken handelt, die heute weniger als 100 m über dem Meeresspiegel liegen, ist am schönsten am Cap Blanc und am Cap Salines zu sehen. Das Gestein ließ nur eine schwache Bodenentwicklung zu. „Migjorn" – Mittag – wird die Region von den Einheimischen genannt. In diesem Name klingt bereits das Charakteristische des Gebietes an: Es ist der Sonnenfleck der Insel, trocken und heiß. Unbarmherzig brennt die Sonne im Sommer auf das Land und dörrt die kargen, flachen Böden aus. Schatten ist hier kaum zu finden. Kein Wald bietet in der flachen und ebenen Landschaft Zuflucht vor Sonne und Hitze. Nur kleine Pinienhaine bilden hier und dort kleine Oasen mit lichtem Schatten. Der Migjorn formt zusammen mit den Schwemmlandebenen die waldärmsten Gebiete Mallorcas. Auch sonst ist hier nichts von der subtropischen Üppigkeit zu spüren, die der Vegetation, den Gärten und den Anbauflächen der Insel sonst eigen ist. An nur 50 Tagen im Jahr fällt Niederschlag, zusammen weniger als 400 mm jährlich. Im Sommer regnet es so gut wie nie – statistisch gesehen haben Juni und August nur 1,5 Regentage, der Juli sogar nur 0,5. Oberflächengewässer gibt es hier selbstverständlich keine. Fünf aride Monate (Mai bis September) kennt man hier. Monate also, in denen die potenzielle Wasserverdunstung aus dem Boden (Evaporation) viel höher ist als die tatsächliche. Verschärft wird diese Situation durch die übliche Unzuverlässigkeit der Niederschläge – wissenschaftlich Niederschlagsvariabilität genannt. In ausgesprochen trockenen Jahren (z. B. 1945) können weniger als 150 mm Regen fallen. Ausbleibende Niederschläge waren eine allzu häufig auftretende Plage, die Hunger und Mangelernährung bedeutete. Die Auflistung historischer Angaben über Wassermangel und Hungersnöte würde Seiten füllen. Vor allem im 16. Jh. fielen die Niederschläge so spärlich, dass in den Getreidemühlen des Migjorn anstelle von Weizen die Schoten des Johannisbrotbaumes zu Mehl vermahlen wurden. Ein Leben (fast) ohne Wasser machte aus dem Migjorn das Armenhaus Mallorcas. Außer Johannisbrotbäumen halfen wilde Ölbäume, Pfirsich- und Mandelbäume und die völlig anspruchslosen Kaktusfeigen das Überleben der Bauern zu sichern, wenn Trockenheit die Getreideernte einmal wieder ausfallen ließ. Zum Hunger kam die ständige Bedrohung durch Piraten, der 1388 auch Santanyí zum Opfer fiel. Menschen waren in der armen Region das höchste Diebesgut. Sie wurden entführt und landeten meistens auf dem Sklavenmarkt in Algier, da hier kaum jemand in der Lage war, Lösegeld für sie zu zahlen. Aus Angst, sichtbare Spuren an der Küste zu hinterlassen, verzichteten die Einwohner sogar weitgehend auf den Fischfang.

Eine Besonderheit schenkte die Natur dem ewig durstenden Landstrich aber doch: Zutaten und Anleitung zur Gewinnung von Meersalz. In den Salines de Sant Jordi wird Salz gewonnen – nach dem Vorbild der Natur. Teile des Gebietes liegen unter dem Meeresspiegel und werden von den Herbst- und Winterstürmen überflutet. Im Sommer dann verdunstet das Wasser im Glutofen des Migjorn. Übrig bleibt gleißend weißes Meersalz. Seit Mitte des 19. Jh.s werden zusätzliche künstliche Salzgewinnungsbecken angelegt, in die im Frühjahr Meerwasser eingeleitet wird. Das gewonnene Salz wird zu Bergen aufgetürmt und gelangt gereinigt und ansehnlich verpackt auch in den deutschen Feinkostversandhandel. Das lukrative Geschäft mit dem Salz dürfte das beschwerliche und entbehrungsreiche Leben der Bauern aber nicht tangiert haben. Das Blatt wendete sich für den Migjorn erst im 20. Jh. Der Tourismus erreichte auch seine Küsten und verwandelte den gefährlichen, wertlosen Küstenstreifen in Orte der Muße für Fremde und Arbeitsstätten für Einheimische. Die Sonne, der immer blaue Himmel, die geringe Regenwahrscheinlichkeit – all das verkehrte sich in Vorteile, zog Urlauber an und holte den Migjorn aus seinem Dornröschenschlaf. Der Traumstrand Es Trenc und malerische Buchten wie Cala Mondrago und Cala Figuera ziehen all jene Besucher in ihren Bann, denen die touristischen Badezentren, z. B. an der Playa de Palma, zu gesellig und lebhaft sind. Im Winter erobern Urlauber auf Fahrrädern den Migjorn und radeln an Küste und Trockenmauern vorbei in die sonnige Ruhe der ebenen Landschaft. Von der Küstenlinie abgesehen hat Mallorcas Südwesten wenig Spektakuläres zu bieten. Wer sich aber mit dem Auto, dem Fahrrad oder zu Fuß durch seine Landschaft bewegt, läuft Gefahr, dem spröden Charme des Migjorns zu erliegen.

Serres de Llevant – im Land des Sonnenaufgangs

Die mäßig reliefierte Mittelgebirgslandschaft der Serres de Llevant im Osten der Insel erreicht im Gegensatz zur Serra de Tramuntana durchschnittliche Höhen von nur 300–400 m. Die etwa 50 km langen und 10 km breiten Serres de Llevant bestehen aus verschiedenen kleineren Bergketten. Die bedeutendsten sind das Bergland von Artà mit dem Puig de Morey (562 m) als höchste Erhebung im Norden und das Bergland von Manacor/Felanitx mit dem Puig de Sant Salvador (494 m) als höchstem Punkt im Süden. Die Serres de Llevant laufen parallel zur Serra de Tramuntana, bestehen aus den gleichen miozänen Kalken und Dolomiten und stellen wie diese eine Fortsetzung der Betischen Gebirgskette dar (Sabat et al. 1988) – sie sind die Tramuntana en miniature sozusagen. Dass sie nicht die gleichen imposanten Höhen und Reliefunterschiede erreichen, liegt daran, dass anstelle der harten reinen Lias-Kalke der Serra de Tramuntana hier vermehrt weiche, leicht verwitterbare, sehr erosionsanfällige Kalkmergel vorkommen. Ihre Abtragung formte im Lauf der Zeit aus dem ehemaligen hohen Gebirge ein Mittelgebirge, das von vielen auch nur als Hügelland bezeichnet wird. Nach Süden und Südosten wird die Hügelkette der Serres de Llevant durch die

Steilküste am Cap Ferrutx im Bergland von Artà

Wachtürme: Frühwarnsystem gegen Piraten

Vom 14. Jh. bis zum 18. Jh. war Mallorca immer wieder Ziel und Opfer von Piratenüberfällen, die mit unvorstellbarer Härte die Siedlungen in Küstennähe plünderten und brandschatzten und sowohl Menschen als auch Tiere töteten, raubten oder entführten – meist zunächst nach Algier, um sie gegen Lösegeld (vielleicht) wieder freizugeben oder an dortige Sklavenhändler zu verkaufen. Die meist aus Nordafrika stammenden Angreifer hinterließen eine so nachhaltige Spur des Grauens und Schreckens, dass die Bewohner der Insel nicht nur ihre Küstensiedlungen mit dicken Mauern umgaben, sondern auch eine Art Frühwarnsystem zu installieren versuchten. Hierzu wurden hoch über der Küste Wachtürme, von den Mallorquinern talaies (Einzahl: talai) genannt, gebaut. Das Besondere an den runden, massiven Steinkonstruktionen war, dass die jeweils benachbarten Türme in Sichtkontakt zueinander errichtet wurden. Die Wachtürme waren rund um die Uhr mit jeweils zwei bis drei, von den Gemeinden bezahlten Personen besetzt, deren Aufgabe es war, Piratenschiffe auf dem Meer frühzeitig auszumachen und die Bevölkerung zu warnen. Sichtete die Besatzung eines Turmes ein Piratenschiff, entzündeten sie tagsüber Rauchzeichen und in der Nacht ein Feuer. Der benachbarte Turm griff dieses Signal auf und gab es weiter. Auf diese Weise dauerte es nicht mehr als zwei Stunden, bis von dem am weitesten entfernten Punkt der Insel die Warnung in der „Zentrale" der Verteidigungstürme, dem Torre de Angel („Engelsturm") in Palma, eintraf. Von hier aus wurden Verteidigungshilfen organisiert und bewaffnete Trupps zur Hilfeleistung in die bedrängten Ortschaften geschickt. Bis zu deren Eintreffen waren die Dorfbewohner auf sich selbst gestellt. Aber ihre frühzeitige Warnung gab ihnen zumindest Gelegenheit in das Hinterland

zum mallorquinischen Flachland gehörende Marina von Santanyí begrenzt. Im Westen gehen sie in den Es Pla über. Im Norden und Nordosten tauchen sie ähnlich spektakulär und steil abfallend wie ihr großes „Vorbild" unter den Meeresspiegel ab.

Llevant bedeutet Sonnenaufgang und bezeichnet in poetischer Weise Mallorcas Osten, der selbst ein Stück vollendeter mediterraner Poesie darstellt. Der Llevant ist Mallorca pur. Er verzaubert durch die Vielfalt seiner Landschaftsbilder und sinnlichen Eindrücke. Nirgendwo auf der Insel scheinen Macchie und Garrigue, jene buntblumigen, offenen Flächen auf stein- und felsreichem Gelände mit duftenden Sträuchern und vereinzelten, Schatten spendenden Ölbäumen und Aleppokiefern so viel Raum einzunehmen. Sie überziehen den gesamten Llevant als buntes, mit lockeren Kiefernwäldern unregelmäßig verwobenes Gewand bis zu seinem nördlichsten Punkt, dem

zu fliehen und dort auf die Hilfe zu warten. Ende des 19. Jh.s hatten die mittlerweile funktionslosen Wachtürme endgültig ausgedient. Sie wurden aufgegeben und teilten das damalige Schicksal aller nicht mehr benutzten oder gebrauchten Gebäude: Sie dienten als Reservoir für Baumaterial neuer Gebäude. Binnen kurzer Zeit verschwanden dreißig von ihnen völlig. Das einzige auf Mallorca noch erhaltene Ensemble von drei Wachtürmen mit Sichtverbindung steht im Bergland von Artà, am Cap Ferrutx. In ihrer trotzigen Wehrhaftigkeit legen sie ein kulturhistorisches Zeugnis ab für das Leben der Menschen in Küstennähe, als Fremde mit weniger guten Absichten als die Invasoren der Jetztzeit hier landeten. Aus diesem Grund wurden in jüngerer Zeit auch einige der wenigen verbliebenen Wachtürme wieder restauriert – natürlich auch, weil sie wunderbare Aussichtstürme sind. Einen der schönsten Ausblicke genießt der Besucher vom Mirador de Ses Animes, dem „Aussichtsturm der Seelen", in Banyalbufar.

Wachturm Ses Animes bei Banyalbufar

Cap Ferrutx. Immer gleich? Nein, immer wieder anders. Sie verdanken ihre Existenz zunächst der Rodung der ursprünglichen Steineichenwälder und dann der Beweidung mit Schafen und Ziegen. Wo zu lange zu viele der sog. Kleinen Wiederkäuer Nahrung suchten, entstanden bizarre Dissgrasfluren. Im kargen Bergland von Artà nimmt das Dissgras besonders eindrückliche und große Flächen ein. Seine Blütenstände schaukeln hoch über dem Boden im Rhythmus des Windes. Dank seiner Verteidigungsstrategie, die es gegen Pflanzenfresser entwickelte, nämlich das Einlagern von Kieselsäure in seinen Blättern, hat es so messerscharfe Blattränder, dass es von Schafen und Ziegen verschont wird und so zu landschaftsprägender Dominanz gelangt.

So schön und ausdrucksvoll sie uns auch erscheinen, die Vorherrschaft von Macchie, Garrigue und Kiefernwäldern zeugt noch heute von den einst ärmlichen Lebensbedingungen der Menschen und der bis in das 18. Jh. hinein nur dünnen Besiedlung der Region. Im Küstenstreifen des Llevant waren es die ständigen Piratenüberfälle im Mittelalter und in der frühen Neuzeit, die die Anlage von Siedlungen nicht empfehlenswert machten. Im felsigen, flachgründigen Hügelland des Llevant waren ganz ähnlich wie in der Serra de Tramuntana die Bodenbedingungen vielfach zu ungünstig für eine landwirtschaftliche Nutzung. Nur dort, wo das Gelände ebenmäßiger, weniger steil und exponiert ist, wo Ebenen und Talzüge in die zerklüftete Felslandschaft eingestreut sind, fand der Mensch günstige Voraussetzungen, um das Wagnis der Besiedlung eingehen zu können. Hier entstanden Orte wie Artà, Capdepera und Sant Llorenç des Cardassar, frühe Enklaven der Zivilisation. Bei Artá, in Ses Païsses, ließen sich bereits die ersten Bewohner der Insel aus der Bronzezeit nieder, deren steinernen Spuren, Wohngebäude und Schutzwälle aus riesigen Felsblöcken, hier zu bewundern sind (vgl. Foto auf S. 154). Dies ist eine auf Mallorca seltene Gelegenheit, denn die Zeugen der frühgeschichtlichen Kultur wurden von den vielen nachfolgenden Eroberern der Insel weitestgehend zerstört und überprägt. Selbst in den Bau der Kathedrale von Palma wurden Megalithe, die Steinriesen der nebulösen Vorzeit, integriert. Neben den Funden von Carbo Vell bei Llucmajor im mallorquinischen Flachland ist Ses Païsses daher die bedeutendste archäologische Fundstätte von prähistorischen Siedlungsresten.

Verwunderlich ist es nicht, dass die Wahl der Ureinwohner auf die Umgebung von Artà als Siedlungsort fiel. Die ebene Senke unterhalb von Artà bot viele leichte Möglichkeiten zu ihrer Kultivierung, sodass die auf die prähistorischen Siedler folgenden Kulturen aller Epochen sich für die Dauer ihrer Gegenwart auf Mallorca ebenfalls hier niederließen. Die Gartenanlagen vor den Toren der Stadt zeugen noch heute von ihrer ersten großen Blüte, hervorgebracht von den Mauren. Gemauerte Zeichen aus dieser Zeit gibt es so gut wie nicht mehr, sie wurden von den Christen nach der Reconquista überbaut. So stehen die Burg und die Kirche von Artà auf den Grundmauern der maurischen Festung bzw. der Moschee. Nur die Terrasse vor der Kirche erinnert an die arabischen Herrscher: Es ist der ehemalige Reinigungsplatz zum Waschen von Händen und Füßen vor Betreten der Moschee. Wer heute seinen Fuß auf diese Terrasse setzt, wird von einer grandiosen Aussicht auf die sich vor Artà ausbreitende Agrarlandschaft belohnt.

Schafe als Landschaftsgärtner

Schafe gehören zur Landschaft Mallorcas wie das Salz in die Suppe. Über 300 000 bevölkern die Insel. Zwei einheimische Inselrassen gibt es, zu denen allerdings nur ein kleiner Anteil der Schafe gehört: Die meisten von ihnen (6 500) zählen zur Rasse des weißen mallorquinischen Schafs (*Ovella blanca mallorquina*) und nur noch 600 Individuen vertreten die Rasse des roten mallorquinischen Schafs (*Ovella roja mallorquina*), das aufgrund der geringen Bestandsdichte Gefahr läuft auszusterben (PRAIB o. J.). Die Schafe bleiben die meiste Zeit des Jahres sich selbst überlassen. Schäfer nach mitteleuropäischem Vorbild als ganzjährige Bewacher und Antreiber von Wanderherden gibt es hier nicht. Auch das historische Berufsbild des mallorquinischen Schäfers, der als Auftragsarbeit für Hut und Schur der Schafe eines Dorfes verantwortlich zeichnete, war schon im ausgehenden 19. Jh. überholt. Schafhalter sind heute selbstständige landwirtschaftliche Unternehmer und die Schafe ihr Eigentum.

Auch in eindeutig ackerbaulich geprägten Landschaften wie dem Es Pla und sogar im Raiguer sind sie anzutreffen. Dort wirken sie, vielfach unter Mandelbäumen weidend, als unverzichtbares malerisches Stilmittel. Für die Menschen hier war die Schafhaltung immer ein Zusatzerwerb oder diente zur Vervollständigung des Speiseplans der bäuerlichen Familien. Ganz anders dagegen in den unfruchtbaren Marinas und rauen Bergländern. Für ihre Bewohner war die Schafhaltung Haupteinkommensquelle und Existenzgrundlage, weil das steinige Land, die schlechten Böden und die extremeren Klimaverhältnisse hier zumeist keine andere Form der Landwirtschaft zuließen. Entsprechend große Flächen ehemaliger Steineichen- und Kiefernwälder wurden in den Serres de Llevant zu baumlosen Flächen, auf denen das Vieh weiden konnte, umfunktioniert. Der Begriff „Weidefläche“ mutet beim Anblick dieser Flächen eigentümlich an, hat ihre Vegetation doch so gar nichts gemein mit den Grasländern, die in Mitteleuropa als Weide bezeichnet werden (vgl. Kap. 4).

Ohne Zusatzfütterung ernährte sich das Vieh von den Pflanzen, die den ständigen Verbiss überlebten, und von dem, was diese kontinuierlich nachproduzieren konnten. Auf den kargen Böden der Serres de Llevant ist die Produktionsleistung der Pflanzen, vor allem in den Sommermonaten und unter Beweidung, sehr gering. Entsprechend braucht ein Weidetier eine große Fläche Land, um seinen täglichen Futterbedarf decken zu können. Über 60 000 Schafe gibt es im Llevant, fast so viele, wie es Einwohner (66 480) gibt. Aber nicht dieser absoluten Zahl wegen gelten das Bergland von Artà und die Serres de Llevant als die bedeutendsten Gebiete für Schafhaltung auf Mallorca (vgl. Abb. S. 86). Es ist vielmehr die extreme Spezialisierung der Landnutzung auf die Schafhaltung und die wirtschaftliche Abhängigkeit einer ganzen Region von dieser Nutzungsform. Die Jahrhunderte lange Weidenutzung hat der Landschaft des Llevant großflächig ihren Stempel aufgedrückt. Was auf den Betrachter romantisch-wild und naturgegeben wirkt, sind in Wahrheit vom Menschen geschaffene Lebensräume. Ihre

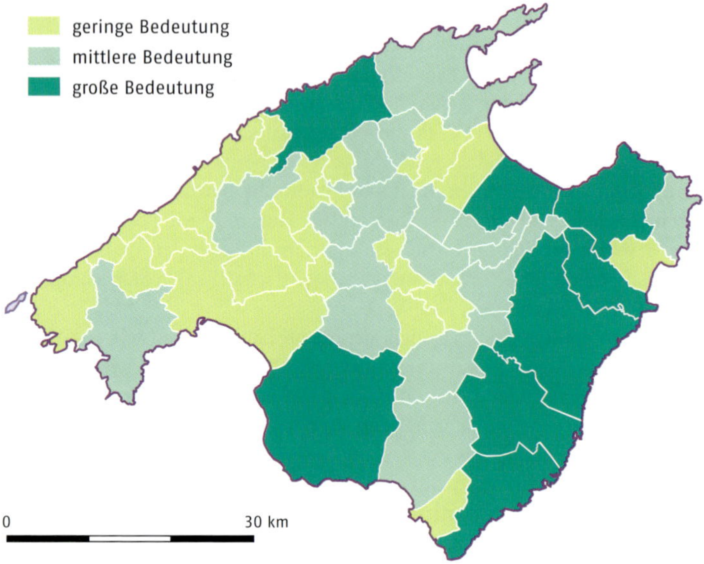

Bedeutung der Schafzucht auf Gemeindeebene

Vegetation, ein Crescendo aus Formen, Farben und Düften, ist weit davon entfernt, natürlich zu sein.

Mallorcas wilde Ziegen

Zurzeit leben ca. 20 000 wilde Ziegen (*Capra aegagrus*) im Bergland von Artá und in der Serra de Tramuntana. Ihr Lebensraum ist überwiegend trockenes, felsiges und steiles, mit Macchie, Garrigue und Kiefernwäldern bestandenes Gelände. Sie kamen vermutlich zwischen 2300 und 2050 v. Chr. als Haustiere mit den frühen Siedlern auf die Insel. Einige von ihnen konnten ihrem Schicksal als domestizierte Tiere, an dessen Ende unweigerlich die Schlachtung stand, in die freie Natur entfliehen und verwilderten dort. DNA-Analysen haben gezeigt, dass es sich bei den wilden mallorquinischen Ziegen um exakt die gleiche Art handelt, die auch auf Kreta vorkommt. Gleichzeitig belegen diese Analysen auch ihre sehr enge Verwandtschaft mit den domestizierten Ziegen (*Capra hircus*) des Mittelmeerraumes (Seguí et al. 2005). Die Populationen der wilden mallorquinischen Ziegen gelten als

Wilde Ziegen

gesund, mit ausreichend natürlichen Widerstandkräften gegen Krankheiten versehen und einer relativ hohen Reproduktionsrate. An 58 Individuen aus verschiedenen Gebirgsbereichen durchgeführte Untersuchungen des Mageninhaltes machten frühere Vermutungen zur Gewissheit, dass sich die Ziegen zu 80–90 % von krautigen, bevorzugt grasartigen Pflanzen ernähren und nur zu 10–20 % von Blättern und jungen Trieben der Sträucher und Bäume. Allerdings nimmt der Verzehr von Holz- bzw. verholzenden Pflanzen zu, wenn das Angebot an krautigen Arten zurückgeht. Das ist insbesondere in der trockenheißen Jahreszeit, vom Sommer an bis zu den ersten Herbstniederschlägen, der Fall. Es ist aber auch dort der Fall, wo die Vegetation durch Brandereignisse oder zu hoher Dichte von Weidevieh immer weiter degradiert wird. Unter solchen Umständen verursachen sie in den zur Regeneration der natürlichen Wälder eingerichteten Schutzzonen erhebliche Fraßschäden am Jungwuchs der Steineichen. Der Erfolg dieser ohnehin schwierigen Renaturierungsprojekte wird dadurch gefährdet. Und sie sind natürlich eine nicht zu unterschätzende Futterkonkurrenz für die Schafe. Gemessen an der eingeschränkten pflanzlichen Produktivität auf den kargen Standorten im Bergland von Artá und in der Serra de Tramuntana ist der

Besatz mit Weidevieh zu groß. Es liegt auf der Hand, dass nicht die Schafe als wichtige Wirtschaftgrundlage der Menschen hier reduziert werden sollen, sondern zunächst die Wildziegen, die aufgrund fehlender natürlicher Feinde kaum einer Bestandsregulierung unterliegen. Berechnungen zufolge lässt der aktuelle Zustand der Wälder und der Garrigueflächen in den Bergländern der Insel nur eine Dichte von 0,2 Individuen je Hektar und Jahr (1 Ziege auf fünf Hektar pro Jahr) zu. Aktuell kommen auf einen Hektar statistisch aber ein bis anderthalb Tiere. Ihre Individuendichte liegt somit fünf bis sieben Mal über der Tragfähigkeit der Ökosysteme. Dadurch wird eine ausreichende Regeneration der dort naturgemäß langsam wachsenden Pflanzen verhindert und die wichtige, den Boden vor Erosion schützende Wirkung der Pflanzendecke herabgesetzt.

Weit schlimmer als das ist, dass die derzeitige Populationsdichte der wilden Ziegen existenzbedrohend für etliche endemische und/oder geschützte Pflanzenarten ist. Diese Pflanzen haben ihre Lebensräume und Standorte oft in extrem steilem, äußerst unzugänglichem Gebirgsterrain und galten daher lange eigentlich als ungefährdet. Dank der hervorragenden Geländegängigkeit und Kletterkünste der Ziegen bleiben sie aber nicht unentdeckt. Zum einen sorgt der Verzehr für eine direkte drastische Reduzierung ihrer Bestände. Zum anderen führt die Überdüngung ihrer Standorte durch Exkremente zum gefährlichen Rückgang der Gebirgspflanzen, darunter einige der seltensten endemischen Arten der Insel überhaupt. Da es sich dabei zum Teil um erdgeschichtlich sehr alte Arten handelt, (vgl. Kap. 5), die nur auf Mallorca vorkommen, laufen sie durch die Ziegen Gefahr, unwiderruflich auszusterben. Maßgeblich aus diesem Grund hat das Umweltministerium der Balearen Mallorcas wilde Ziegen bis auf Widerruf zur Jagd freigegeben. Am Puig Major, einem besonders wichtigen Hotspot für Endemiten auf Mallorca, wurden zum Schutz und zur Erhaltung der Gefäßpflanzenflora in den Jahren von 2000 bis 2008 insgesamt 1 000 wilde Ziegen erlegt (Conselleria de Medi Ambient 2008).

Der Fortbestand der wilden Ziegen auf Mallorca wird aber nicht durch ihre (kontrollierte) Jagd gefährdet. Ihre Gefährdung als eigenständige Art geht von ihrer Kreuzung mit domestizierten Ziegen aus. Und damit ist nicht die bewusste Kreuzung durch den Menschen gemeint. Die wilden Ziegen werden seit jeher von den Haltern domestizierter Ziegen als Genressource zur Auffrischung des Genmaterials in ihren eigenen Herden angesehen. Deshalb werden sie heute noch wie damals nach den immer gleichen, uralten Jagdmethoden mit Hunden und Stricken lebend gefangen und zur Zucht eingesetzt. Existenzgefährdend für die wilden mallorquinischen Ziegen wirken sich aber nur die natürlichen, allenthalben ohne Zutun des Menschen stattfindenden Kreuzungen mit Hausziegen aus.

Die Küsten – von den Verwandlungen einer Insellandschaft

Mallorcas Küste hat eine Länge von insgesamt 550 km. Nur etwa 7 % davon sind Sandküsten. Die verbleibenden 500 km sind Fels- und Steilküsten (vgl. Abb. unten). Die in jeder Hinsicht abwechslungsreiche Insel zeigt auch hier Vielfalt. Drei in ihrer Entstehungsgeschichte, ihren Merkmalen und ihrem Erscheinungsbild völlig verschiedene Hauptküstentypen charakterisieren die unterschiedlichen Landschaftseinheiten Mallorcas.

So kennzeichnen Flachwasserküsten vor allem die Schwemmlandebenen im Norden (Albufereta de Pollença und S'Albufera d'Alcúdia) und Süden (Becken von Campos und Becken von Palma) der Insel. Steile Gebirgsküsten prägen den Übergang vom Land zum Meer in der Serra de Tramuntana und im Bergland von Artà, und hohe Kliffküsten sind typisch für den Bereich der Marinas von Llucmajor und Santanyí.

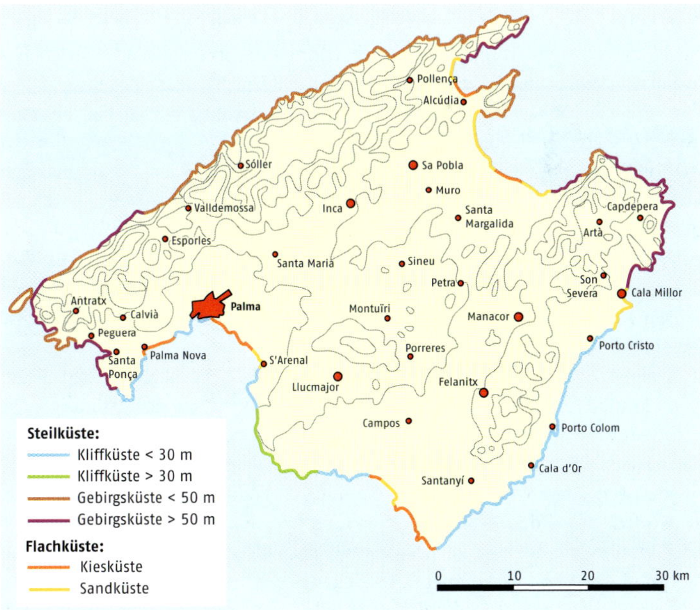

Verbreitung der Hauptküstentypen

Die in offenen Buchten vorkommenden Flachwasserküsten sind sog. Akkumulationsküsten. Sie bieten der Brandung ideale Voraussetzungen zur Anlandung von Lockermaterial, sodass hauptsächlich hier die herrlichen Sandstrände, die die Insel einst berühmt machten, entstanden.

Bei den steilen Gebirgsküsten und den Kliffküsten handelt es sich dagegen um Erosionsküsten. Ihre faszinierende und facettenreiche Gestalt wird überwiegend von der zerstörerischen und abtragenden Wirkung der Meeresbrandung bestimmt. Wer beispielsweise auf der topfebenen Fläche der Marina de Llucmajor steht und am Cap Blanc knapp 100 m hinab auf das Meer schaut, der befindet sich auf einer Felsterrasse, die sich in geologischer Vorzeit auf Meeresniveau befand und der erodierenden und formenden Gewalt der Brandung (Abrasion) ausgesetzt war. Tektonische Hebungsprozesse hoben sie im Lauf der Erdgeschichte auf ihr heutiges Niveau an. Die Steilküste hier ist eine aktive Kliffküste, an der die Meeresbrandung ständig Hangmaterial abträgt. Die Meereswellen rollen auf der sog. Abrasionsplatte oder Schorre an und branden gegen den Hangfuß. Getreu dem Prinzip „steter Tropfen höhlt den Stein" bilden sich im Lauf der Zeit Brandungshohlkehlen aus, sodass ein deutlicher Überhang entsteht. Bei zunehmender Unterhöhlung bricht dieser Überhang eines Tages unter seinem eigenen Gewicht zusammen und stürzt auf die Abrasionsplatte. Die Brandung nutzt die Bruchstücke der ehemaligen

Blick in die Tiefe – Kliffküste am Cap Blanc

Steilküstenfront als „Erosionswaffen", schleudert sie gegen die Steilküste und beginnt so ihre unterhöhlende Arbeit erneut. Auf diese unermüdliche Weise wandert die aktive Kliffküste langsam aber sicher weiter landeinwärts.

Eine Besonderheit der mallorquinischen Kliffküste sind ihre Höhlen. Fünf Höhlensysteme gibt es hier in dichter Nachbarschaft zueinander. Sie sind alle das Ergebnis von Verkarstungsprozessen im Kalkgestein der Küste und wohl nach den gleichen Prinzipien entstanden. In der Nähe von Porto Christo schufen Meer und Niederschlagswasser in gemeinsamer Arbeit das berühmteste System, die Coves del Drac („Drachenhöhlen"), die einen Ausgang zum Meer haben. Ihr Eingang liegt nur 27 m über dem heutigen Meeresspiegel. Die Großform der Höhle ist höchstwahrscheinlich das alleinige Werk des Meeres und seiner zahlreichen Wasserspiegelschwankungen. Aber ihre Feinmodellierung und -ausstattung mit Tropfsteinen, die von der Höhlendecke nach unten (Stalagtiten) und vom Höhlenboden nach oben (Stalagmiten) einander entgegen wachsen, ist das kunstvolle Ergebnis von Verkarstungsprozessen durch eindringendes Regenwasser. Wissenschaftliche Sensation und besondere Attraktion ist der Llac Martel, ein 177 m langer, 44 m breiter und 9 m tiefer See mit einer konstanten Wassertemperatur von 20 °C. Der nach seinem französischen Entdecker (1896) benannte See steht mit dem Meer in Verbindung, weshalb sein Wasser leicht salzhaltig ist. Die Drachen- und auch die übrigen Höhlen von Porto Christo sind das wohl eindrucksvollste für Besucher zugängliche Beispiel des unterirdischen Karstformenschatzes auf Mallorca. Für Geologen und Höhlenforscher stellen sie ein Fenster mit direktem Blick auf die Entstehungsgeschichte der Insel dar.

Auch im Bereich der Erosionsküsten gibt es immer wieder kleinere Einschnitte und größere Buchten in der felsigen Grenzlinie des Landes, in denen es zu Sand-, gelegentlich auch zu Kiesablagerungen kommt. Herausragende Beispiele hierfür sind im Osten der Insel Cala Millor und Cala Agulla, im Südwesten Santa Ponça und Magaluf sowie die Cala Mesquida im Norden. Im spanischen Sprachgebrauch bezeichnet *Cala* jegliche Form von Bucht. In der Wissenschaft wird der Begriff jedoch ausschließlich für eine im Hinblick auf ihre Genese ganz bestimmte Form von Buchten verwendet: nämlich nur für die ehemaligen Talmündungen kleiner Flüsse und Bäche ins Meer, die unter den teils sehr feuchten Klimabedingungen des Eiszeitalters entstanden und später durch den nacheiszeitlichen Meeresspiegelanstieg vom Meer überflutet wurden. Auf etwa 100 m beläuft sich der Anstieg des Mittelmeeres bis heute. Mallorca wäre nicht Mallorca, wenn es nicht auch mit dieser Besonderheit der „ertrunkenen" Täler in gleich mehrfacher Ausfertigung aufwarten könnte. Die sog. Calaküste ist eine besondere Spielart der Kliffküste und als solche in den Marinas ausgebildet. Sie sind vor allem an der Küste der Marina de Santanyí (Cala Figuera, Cala Mondragó) ein charakteristisches Strukturmerkmal.

Biokarst – oder: Steter Schneckenfraß höhlt den Stein

Felsküsten sind nicht unbedingt prädestiniert zum Baden. Selbst wo flache, vom Meer um- und überspülte Felsplatten zum Sonnenbaden einladen, vermiest die poröse, mit kleinen und kleinsten, aber auch größeren Löchern übersäte Oberfläche dem Besucher das Vergnügen. Auch barfuß gehen ist nicht ratsam, denn das Mikrorelief erweist sich als äußerst scharfkantig und jeder Versuch als ebenso schmerzlich. Lange Zeit hielt man diese Formen im Kalkgestein der Felsküsten für die Folge chemischer Lösungsprozesse, also für Karsterscheinungen. Meerwasseranalysen haben diese Annahme widerlegt. Aufgrund des permanenten Kontaktes mit dem Kalkgestein ist das küstennahe Meerwasser fünf- bis siebenfach kalkübersättigt. Eine weitere Kalklösung ist daher nicht möglich. Des Rätsels fantastische Lösung ist eine biologische: Der Kleinformenschatz entsteht durch biologische Abrasion, hervorgerufen von Myriaden kleiner Schnecken, die das Gestein auf der Suche nach Algen förmlich abweiden und dabei immer auch winzigste Mengen des Gesteins abtragen. Dieses spannende Phänomen trägt die sehr treffende wissenschaftliche Bezeichnung „Biokarst". Für neugierig Gewordene lässt sich bei genauerem Hinsehen die typische ökologische und mikromorphologische Zonierung deutlich erkennen. Sie ergibt sich aus den verschiedenen Lebensgemeinschaften und ihren Lebensgewohnheiten, die sich in Abhängigkeit vom Grad der Wasserbenetzung bzw. des Spritzwassereinflusses einstellen. Im Eulitoral, also zwischen der Normalwasserlinie und der Obergrenze häufiger Wellenbenetzung, lassen die sehr artenreichen Lebensgemeinschaften aus Weichalgen, Kalkalgen und gesteinsbildenden Algen das Gestein in hellgrünen bis gelben Farbtönen schillern. Es ist der Lebensraum von zahlreichen Schneckenarten und Seepocken. Bezeichnend für diesen Bereich oberhalb der Normalwasserlinie sind Hohlkehlen im Gestein mit einer Breite von bis zu 1,5 m und einer Unterschneidungstiefe von bis zu 1 m. Sie sind vor allem das Werk von „weidenden" Napfschnecken der Gattung *Patella*. Bis zu 800 Individuen leben auf einem Quadratmeter (Kelletat 1980). Die Formen im Gestein ergeben sich aus den Wanderbewegungen der Tiere, die bei starker Brandung in höhere Bereich ausweichen. An das Eulitoral, den Bereich zwischen der Normalwasserlinie und der Obergrenze häufiger Wellenbenetzung, schließt sich das Supralitoral an, das nicht mehr häufigen Wellenbenetzungen ausgesetzt ist, aber noch dem regelmäßigen Einfluss von Salzwasserspray. An windexponierten Küstenstandorten kann der Einflussbereich der Salzwasserspray bis in Höhen von 10 m reichen. Die hier nicht auf, sondern im Gestein lebenden (endolithischen) Algen färben die Felsen schwarz. Einziger ständiger tierischer Bewohner ist die Kleine Strandschnecke (*Littorina neritoides*), wegen ihrer Form auch Spitze Strandschnecke genannt. Ihre Tätigkeit bei der Nahrungssuche und -aufnahme formt kleine, Millimeter bis einige Zentimeter große Näpfe und wabenförmige Strukturen, die das Gestein überziehen. Nicht selten entstehen dabei aber auch auffällige runde bis ovale, meist wassergefüllte Vertiefungen mit einem

Durchmesser bis zu einem Meter und einer Tiefe von 0,5 Meter. Diese sog. *rock pools* können je nach ihrer Entfernung zum Meer mit der ganzen Bandbreite von stark salzhaltigen (hypersalinen) Lösungen bis zu fast salzfreiem Niederschlagswasser gefüllt sein. Wie stark dieses Mikrorelief ausgestaltet ist, hängt von der Populationsdichte der Schnecke ab. Sie kann mühelos bis zu 50000 Individuen auf einem Quadratmeter erreichen. Eine hohe Populationsdichte vorausgesetzt, erreicht der Gesteinsabtrag je Quadratmeter im Jahr dennoch nicht mehr als einen guten Millimeter. Die Schnecken leben bis zu einer Höhe von 8 m über dem Meeresspiegel. Ihre Larven leben im Wasser. Die jungen Schnecken gehen an Land und wandern im Lauf ihres Lebens zu immer höheren Standorten. In wunderbarer Deutlichkeit kann - wer will - bei einem Gang über die Felsen auch die Größen- und Alterszonierung der Schnecken von fast mikroskopisch kleinen Individuen in Meernähe bis zu ein Zentimeter großen Individuen im oberen Grenzbereich ihres Lebensraumes beobachten. Und dabei kontemplative und interessante Berechnungen anstellen: Die Schnecken überwinden pro Stunde im Schnitt 4,7 cm. Wie viele Jahre haben die an der oberen Grenze ihres Lebensraumes angelangten Individuen wohl dazu gebraucht oder wie alt sind sie?

Besonders eindrücklich und leicht zugänglich ist das Phänomen des Biokarstes in der Cala Agulla, an der Punta de Manresa bei Alcúdia, bei Santa Ponça und Còlonia de Sant Pere zu beobachten.

Felsenpools und -grate in Miniatur – Biokarst an der Küste bei Santa Ponça

Trockentäler münden ins Meer – Cala Pí in der Marina de Llucmajor

Die sehr malerischen und verträumten Buchten mit hellen Sandstränden in direkter Nachbarschaft zu wildromantischen Felshängen ziehen jeden Besucher in ihren Bann. Eine der schönsten Calas auf Mallorca ist Cala Pí, die allerdings die Küste der Marina de Llucmajor ziert.

Von der Sand- und Felsküste zur Goldküste

Wer glaubt, dass die mallorquinische Inselgesellschaft schon immer am und vom Meer lebte, irrt. Das Meer, so ihr Credo, brachte außer den Fischen nichts Gutes. Es spülte die Invasoren, und noch viel schlimmer, auch die gefürchteten Piraten an Land und hinterließ auf diese Weise selbst dort noch Spuren der Verwüstung, wo keine seiner Wellen je anbrandete. Das Leben an der Küste galt als gefährlich, das karge Land direkt dahinter war oft salzbelastet, starken Winden ausgesetzt und warf kaum Ertrag ab. Wen wundert es da, dass die Mallorquiner nichts vom Meer wissen wollten. Außer einigen wenigen kleinen Fischer- und Handelshäfen waren die Küstenräume frei von Infrastruktur und menschenleer. Landbesitz war wertlos. Vergleichbar dem deutschen Anerbenrecht, nach dem der älteste Sohn den Hof erbte und die Geschwister leer ausgingen, verfügte die traditionelle Erbteilung auf Mallorca, dass der älteste Sohn den Besitz im Inselinneren erhielt und die Geschwister mit dem Land an der Küste, also mit fast nichts, bedacht wurden. Erst die jüngste, friedliche Generation der Invasoren – mittel- und nordeuropäische Urlauber auf der Suche nach Sonne, Strand und Meer – brachte nach so vielen Jahrhunderten die ausgleichende Gerechtigkeit. Das Land an der Küste erfuhr eine ungeahnte wirtschaftliche Inwertsetzung und die Sozialstruktur der Insel ebensolche Umwälzungen. Spätestens mit Beginn des Massentourismus in den 1960er Jahren (vgl. Kap. 6) erhielten Mallorcas Strände sukzessive eine Skyline und das wirtschaftliche und politische Leben der Insel konzentrierte sich mehr und mehr auf die Küstenregionen. Die Umkehr in der Wertschätzung der Räume war so radikal, dass plötzlich das Inselinnere unter ökonomischen und touristischen Aspekten nur noch ein Restprodukt der Landnutzung zu sein schien.

Die gesamte Wirtschaftskraft verdichtete sich in den touristischen Ballungsgebieten westlich und östlich von Palma, in der Bucht von Alcúdia und Pollença an der Nordküste sowie an der gesamten Ostküste von Cala Figuera bis Cala Rajada. Dass ausgerechnet hier und nicht andernorts, liegt vor allem an der Küstenmorphologie, die in diesen Bereichen hervorragende Voraussetzungen für Strand- und Badeurlauber bietet. Aber auch die historische Entwicklung der touristischen Erschließung spielt eine Rolle: Zu Beginn der 1960er Jahre vollzog sich der Tourismus noch weitgehend in der Bucht von Palma und in den traditionellen Urlaubsorten gut betuchter Urlauber (Port

Strand bei Palma Nova zu Beginn der 1950er Jahre

Sóller) und prominenter Gäste (Port Pollença). Auf den Spuren von Agatha Christie, die 1929 in Port Pollença weilte und den Ort mit ihrer Geschichte *A Problem in Pollença* in der Weltliteratur verewigte, folgten viele weitere Vertreter der A-Prominenz. Auch Winston Churchill war darunter. Damit ist bereits erklärt, warum Port Pollença bis heute vor allem in britischer (Urlauber-)Hand ist. Von Palma ausgehend dehnte sich die touristische Inwertsetzung bis 1970 auf die Küsten im Südwesten der Insel (Palma Nova-Magaluf) und auf die Ostküste (Cala Rajada, Cala Millor, S'Illot) aus. In den 1970er Jahren kam es dann vor allem zur Erschließung der Bucht von Alcúdia im Norden der Insel. Wie ein Magnet wirkte das große, lukrative Arbeitsplatzangebot hier auf die Bevölkerung. Vor allem diejenigen unter der Landbevölkerung, die ohne eigenen Landbesitz der Arbeiterklasse angehörten, witterten eine Chance, dem undurchlässigen traditionellen Klassensystem unverhofft entkommen zu können. Bislang auf Gedeih und Verderb dem Willen und der Macht des Mittelstandes und vor allem der Großgrundbesitzer, den *senyores*, ausgesetzt, brachten die 1960er Jahre die Verheißung auf selbsterarbeiteten

Strand bei Palma Nova 1991

Wohlstand und Freiheit. Die Küsten waren das Land, in dem für sie Milch und Honig fließen konnten. Nur wer es hierher schaffte, konnte sich z. B. über das noch Mitte des 20. Jh.s in Teilen des Es Pla geltende, ungeschriebene Gesetz hinwegsetzen, nach dem Honig zu essen ein ausschließliches Vorrecht der *senyores* war. Ganz abgesehen davon, dass ihn die einfache Landbevölkerung mangels Geldmittel ohnehin nicht hätte kaufen können. Da sich solche archaischen Denkgewohnheiten in den Dorfgemeinschaften nicht so schnell ändern wie die Zeit, suchten sich vor allem junge Menschen nicht nur Arbeit in der Küstenregion, sondern auch einen neuen Wohnort. Die Sogwirkung der „mallorquinischen Goldküste" ging dabei übrigens weit über die Grenzen der Insel hinaus und lockte auch Menschen aus den damals noch armen ländlichen Regionen Spaniens wie Andalusien und Extremadura an.

Entsprechend entwickelte sich der ehemals nahezu menschenleere Raum neben der Hauptstadt Palma und der alten Siedlungsachse Palma–Inca–Alcúdia zu einem weiteren Konzentrationspunkt der Bevölkerung. Die Tourismusgemeinden an der Küste verzeichnen seit 1950 eine starke Zunahme

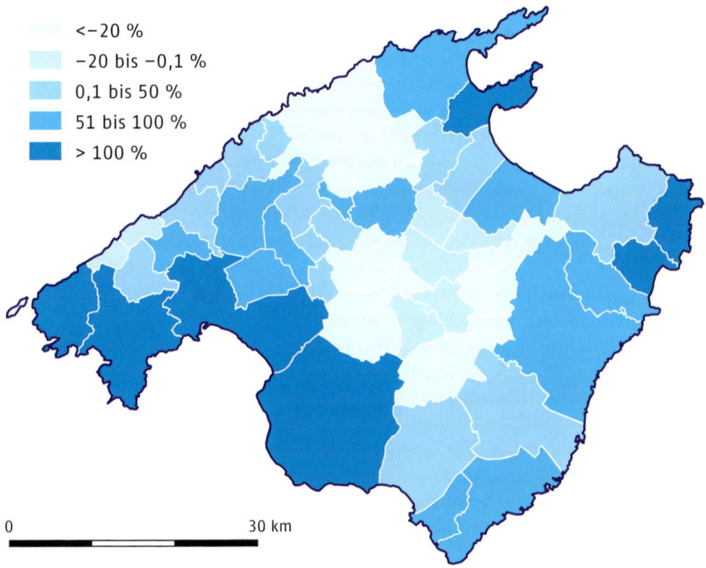

Bevölkerungsentwicklung auf Gemeindeebene 1950–2009

ihrer Bevölkerung (vgl. Abb. oben). In Palma, dem Ausgangspunkt der touristischen Entwicklung, nahm die Bevölkerung um 160 % von 133 000 Einwohnern (1950) auf 347 000 Einwohner (2001) zu. Allein in den ersten 20 Jahren (1950–1970) stieg die Einwohnerzahl auf 217 000, also um 63 %. Mehr als verdoppelt hat sich die Bevölkerung zwischen 1950 und 2001 auch in den touristischen Gemeinden Alcúdia (262 %), Son Severa (286 %), Capdepera (188 %) und Andratx (109 %). Der Prozess der Landflucht und die damit verbundene Verlagerung des sozialen Lebens an die Küste hielten bis in die 1990er Jahre unvermindert an. Spätestens mit der „Erfindung" des mallorquinischen Qualitätstourismus (vgl. Kap. 6) im gleichen Jahrzehnt sind Mallorcas Küsten zu einem Einwanderungsziel wohlhabender Ausländer geworden. Zweitwohnsitze schossen wie Pilze aus dem Boden, der einmal wertlos war. Und ihre Besitzer tragen zu einem weiteren Wachstum der Wohnbevölkerung in den Küstengemeinden bei. Das eindrücklichste Beispiel für den Wandel der Küstenregion ist die Gemeinde Calvià. Die kleine Ortschaft selbst liegt im Landesinneren, ihre ausgedehnte Gemeindefläche reicht jedoch bis zur Küste und umschließt die heutigen touristischen Hochburgen Illetes, Portals Nous, Palma Nova,

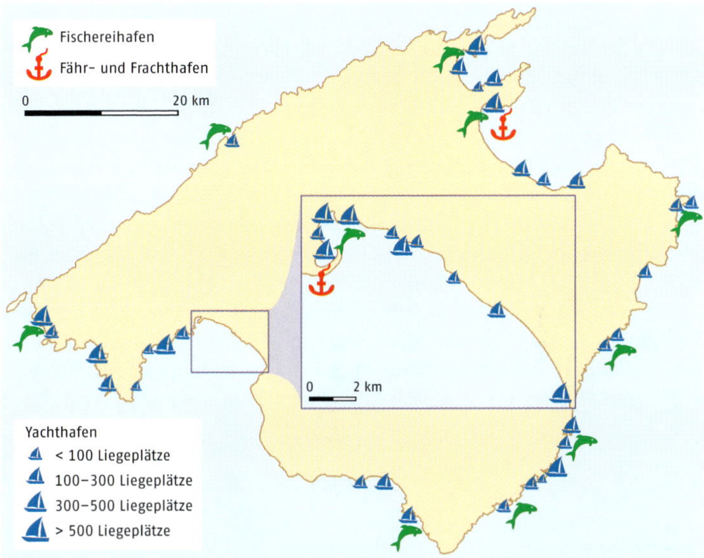

Räumliche Verteilung der Häfen auf Mallorca

Magaluf, Santa Ponça und Peguera. Ihre Bevölkerung wuchs von 2219 Menschen (1950) auf 38841 (2001), um sage und schreibe 1650% an. Offizielle Schätzungen für 2008 gehen von einer aktuellen Einwohnerzahl von mehr als 50000 aus (IBESTAT 2010). Einst eine der ärmsten Gemeinden Mallorcas, avancierte sie zur größten Touristen- und reichsten Gemeinde Spaniens.

Die ehemals arme Küstenregion ist die Region Mallorcas mit der größten Anhäufung an Sachwerten. Damit sind nicht nur Immobilien gemeint, sondern vor allem auch die Hafenanlagen (vgl. Abb. oben). Die einstigen Fischerhäfen gibt es in ihrer Reinform längst schon nicht mehr. Im Zuge des Qualitätstourismus fand ihr Funktionswandel in Sport- und Yachthäfen statt. Insgesamt noch 265 Fischfangboote verteilen sich auf zehn Häfen mit Mischfunktion. Mit 55 Fischerbooten ist der Hafen in Palma der größte Fischereistandort. Die mallorquinische „Fischfangflotte" fährt ca. 2,4 Mio. t Meerestiere im Jahr ein (Conselleria d'Agricultura i Pesca 2008). Meeresökologen sehen diese Aktivitäten durchaus mit Sorge, denn sie trägt offensichtlich erheblich zur Überfischung von Seehecht und Meerbarben bei, zwei der wirtschaftlich wichtigsten Fischarten in den Gewässern der Balearen. Port

Christo ist ein Beispiel für den Funktionswandel der alten Häfen. In der Marina de Santanyí gelegen, besitzt Port Christo einen der schönsten Naturhäfen Mallorcas. Der tief in das felsige Land eingeschnittene Meeresarm war einst der Frachthafen der bedeutenden maurischen Stadt Manacor. Heute ist er überwiegend ein Hafen für Yachten, Segel- und Motorboote (190 Liegeplätze), aber auch für Fischerboote (16 Liegeplätze), die ihren frischen Fang direkt vom Boot an Einheimische und Urlauber verkaufen.

Von den meisten Häfen laufen allerdings keine Fischer-, sondern nur Sportboote und Yachten aus. Wegbereiter und Werbeträger für diese Entwicklung ist der spanische König und leidenschaftliche Segler, Juan Carlos I., der seit 1981 alljährlich im Hochsommer zusammen mit seiner Familie am Königscup des altehrwürdigen Real Club Nautico in Palma teilnimmt. Sehr medien- und werbewirksam brachte er stets andere gekrönte Häupter, z. B. Prinz Charles und Lady Di, als seine Gäste in den Marivent Palast

Luxus und Jetset – Yachten im Hafen von Port Andratx

nach Palma und auf seine Yacht. Auf diese Weise lenkte er den Blick der Weltöffentlichkeit gezielt nach Mallorca, und die Rechnung ging mehr als auf. Bereits 2001 besaß Mallorca 44 Yachthäfen und stellte mit 14 345 Liegeplätzen mehr als 10 % der im gesamten westlichen Mittelmeer vorhandenen Plätze (GOB o. J.). Die größten, mit bis zu fast 1 000 Liegeplätzen, sind in der Umgebung von Palma anzutreffen. Der in den 1980er Jahren noch unbekannte kleine Heimathafen der königlichen Yacht, Portals Nous bei Palma, ist heute ein mondäner Yachthafen, ein Treffpunkt der Schönen und Reichen auf Mallorca.

4 Mallorca, die grüne Insel. Lebensräume und Lebensgemeinschaften

Vom Meeresniveau zu den Höhen der Serra de Tramuntana

Das Klima im Mittelmeerraum zeichnet sich durch eine sehr hohe Sonneneinstrahlung, ausgesprochene sommerliche Trockenheit und milde, feuchte Winter aus. Ideal an diese Klimabedingungen angepasst sind immergrüne hartlaubige Bäume und Sträucher. Die immergrünen Blätter ermöglichen den Gehölzen zu jeder Zeit, sobald es die Wasserversorgung erlaubt, Photosynthese und den Aufbau von Pflanzenmasse zu betreiben. Der Gefahr der Austrocknung in der sommerlichen Hitze- und Dürreperiode begegnen die Immergrünen mit der Ausbildung von nicht transpirierendem, „totem" Festigungsgewebe (Sklerenchym), das den Blättern ihre spröde Textur, ihr steifes Aussehen und ihre Unbeweglichkeit im Wind verleiht. Allseits bekannte, typische Vertreter der immergrünen mediterranen Hartlaubgewächse sind beispielsweise Olivenbaum, Johannisbrotbaum, Steineiche und Korkeiche. Da immergrüne hartlaubige Blätter ihren Trägern unter den Bedingungen des Mittelmeerklimas unschlagbare Konkurrenzvorteile bieten, würden von Natur aus immergrüne Hartlaubwälder Mallorca überziehen. Mit zunehmender Höhe erfährt das Klima eine Veränderung. Es wird zunehmend kühler, feuchter, und Fröste treten häufiger auf. Sind die Fröste zu stark oder treten sie zu häufig auf, laufen Arten mit immergrünen Blättern Gefahr, Frostschäden zu erleiden und abzusterben. Die Frosttoleranz von Hartlaubgehölzen ist zwar von Art zu Art verschieden, insgesamt aber erstaunlich hoch. Immergrüne Eichen werden durch kurzzeitige Fröste von bis zu –20 °C nicht ernsthaft gefährdet, obwohl ihr Laub erfriert. Der Olivenbaum reagiert schon deutlich empfindlicher, hält aber dennoch Fröste vorübergehend bis zu –10 °C aus.

Im Gegensatz zu den übrigen Inseln der Balearen ist Mallorca durch eine hohe Reliefenergie gekennzeichnet. Auf nur 3,5 km Luftlinie vom Meer entfernt erhebt sich das mallorquinische Hauptgebirge fast 1 500 m in die Höhe. Solche Höhenunterschiede auf engem Raum bewirken einen ebenso kleinräumigen Wechsel der Temperatur- und Feuchteverhältnisse. Eine Wanderung oder Fahrt vom Meeresniveau zu den Gipfellagen der Serra de Tramuntana führt durch drei bioklimatische Höhenstufen (vgl. Abb. rechts), die sich klimatisch und hinsichtlich ihrer Vegetationsdecke deutlich voneinander unterscheiden:

- Die thermomediterrane Höhenstufe reicht vom Meeresniveau bis in eine Höhe von 500 m. Ihre Jahresmitteltemperatur liegt über 16 °C, und das mittlere Temperaturminimum des kältesten Monats beträgt mehr als 5 °C. Sie wäre natürlicherweise mit Hartlaubwäldern aus der Rundblättrigen Steineiche bedeckt. Nur im trockenen Süden wären in den tiefsten Lagen Buschwälder aus Ölbaum und Johannisbrotbaum ausgebildet, die in maximal 200 m Höhe aber in Bestände der Rundblättrigen Steineichen übergingen. Allerdings existiert die natürliche Vegetation mit Ausnahme des stellenweise noch in kleinen Resten vorhandenen Buschwaldes nicht mehr. Zu stark ist die Beanspruchung dieser klimatisch günstigen Höhenstufe durch den wirtschaftenden Menschen. An ihre Stelle sind landwirtschaftliche Nutzflächen getreten (vgl. Abb. S. 106) oder durch Brand und Beweidung verursachte strauchförmige Degradationsstadien des Steineichenwaldes (Macchie und Garrigue). Gelegentlich sichtbare Waldbestände aus der Aleppokiefer sind nicht natürlich, sondern wurden in ehemals stark degradierten Bereichen angepflanzt. Anders als die langsamwüchsigen und störanfälligen Steineichen, sind sie raschwüchsig und robust. Sie tolerieren Feuer nicht nur, sondern werden als sog. Pyrophyten („Feuerpflanzen“) von sommerlichen Brandereignissen in ihrer Ausbreitung sogar gefördert.
- Die mesomediterrane Stufe umfasst die Lagen von 500 m bis in 1 100 m Höhe. Die Jahresmitteltemperatur beträgt je nach Höhenlage zwischen 12 °C und 16 °C. Das mittlere Temperaturminimum des kältesten Monats

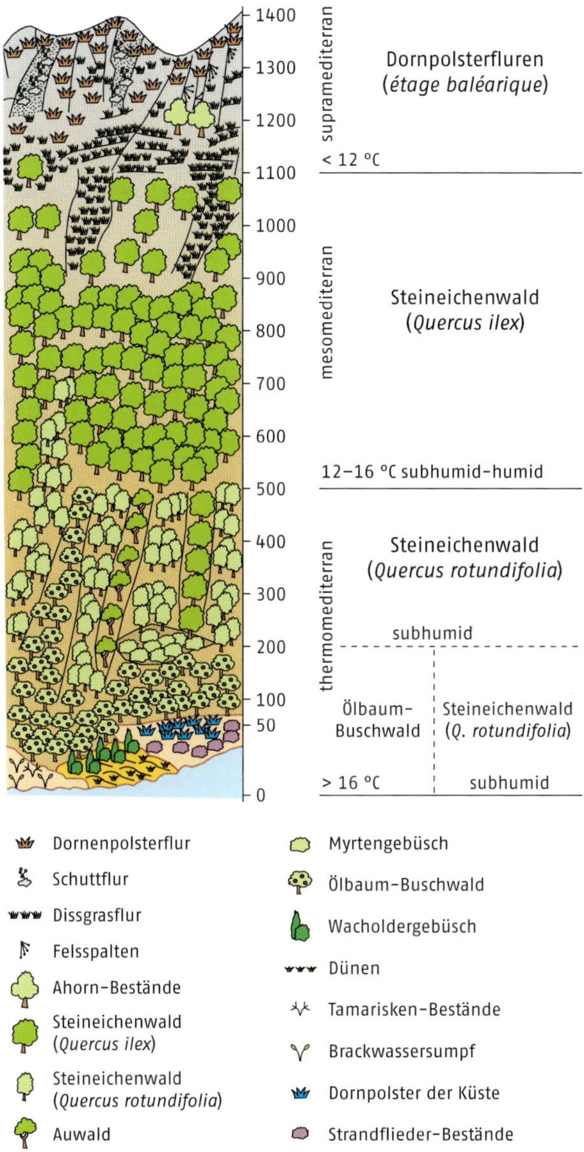

Schematisierte Höhengliederung der Vegetation

variiert von 5 °C bis 0 °C. Die gesamte Stufe würde von Natur aus von immergrünen Steineichenwäldern eingenommen. Allerdings reichen die in der thermomediterranen Stufe beschriebenen anthropogenen Einflüsse und Veränderungen der natürlichen Vegetation in unveränderter Intensität in die mesomediterrane Stufe bis auf 800 m Höhe hinein. Daher ist der Steineichenwald auch hier nur noch selten anzutreffen. Schön zu sehen ist er heute nur noch im zentralen Teil der Serra de Tramuntana in Höhenlagen zwischen 800 m und 1 000 m.

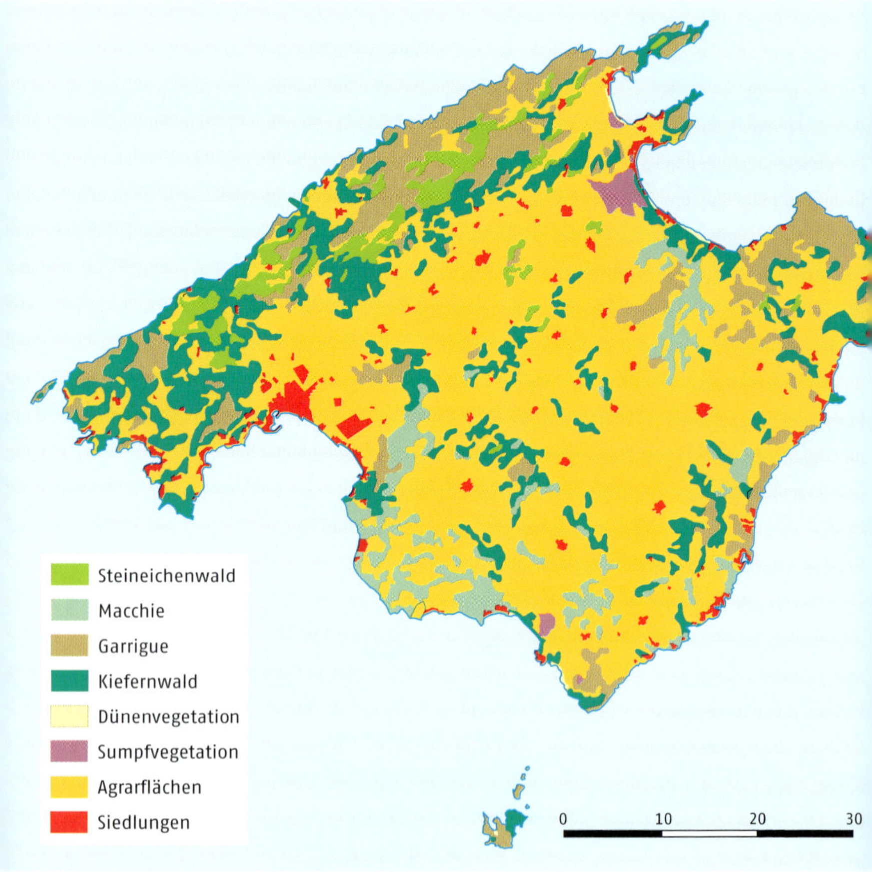

Vegetation und Landnutzung auf Mallorca

- Oberhalb von 1100 m erreicht man die suprameditерrane Stufe. Die Jahresmitteltemperatur liegt hier unter 12 °C und das mittlere Temperaturminimum des kältesten Monats unter 0 °C. Diese oberste Stufe ist heute völlig waldfrei. Sie wird von einem Mosaik aus hohen Grasbeständen und stark bedornten Zwergsträuchern mit oft halbkugeligem Wuchs eingenommen. Man kann davon ausgehen, dass die gegen den Verbiss von Weidetieren weitgehend resistente Vegetation nicht immer eine so große Ausdehnung besaß wie gegenwärtig. Denn nirgendwo sonst im Mittelmeergebiet reichen die Dornpolsterfluren in so tiefe Lagen hinab wie auf Mallorca. Wie genau die natürliche Pflanzendecke einmal ausgesehen haben mag, ist nicht mehr eindeutig zu klären. Es könnte sein, dass sich der Steineichenwald ursprünglich bis in die suprameditерrane Stufe erstreckte. Mit einer größeren Wahrscheinlichkeit könnte es aber auch sein, dass hier sommergrüne Laubwälder vorkamen. Ein wichtiges Indiz für ihre Existenz sind reliktische Vorkommen von einzelnen Individuen solcher Gehölzarten an nordexponierten Felshängen des Puig Major und des Massanella (z. B. Schneeballblättriger Ahorn). Fast exotisch muten sie hier an. Als Sinnbilder der Einsamkeit verstärken sie den abgeschiedenen Charakter der höchsten mallorquinischen Bergregion.

Steineichenbestände und Dissgrasfluren am Massanella

Küstenlebensräume: Sandküsten, Felsküsten, Brackwassersümpfe

Aus Sand gebaut: fragile Küstenlandschaften

Ausgedehnte Sandstrände mit landeinwärts anschließenden Dünengürteln sind auf Mallorca fast nur im Bereich der Schwemmlandebenen zu finden. Ihre Flachwasserküsten bieten der Brandung ideale Voraussetzungen für die Anlandung und Akkumulation von Lockermaterial wie Sand, Muschelbruchstücke und sonstige organische Materialien. In ihren großen, offenen Buchten prallt der Wind ungehindert auf das Land, wirbelt den Sand auf, trägt ihn ein Stück ins Landesinnere, bis seine Kraft nachlässt und er seine Fracht wieder fallen lässt. Auf diese seit Jahrtausenden immer gleiche unermüdliche Weise türmte er Dünen auf, die einmal Mallorcas Reichtum mitbegründen sollten. Ein besonderes Phänomen der Schwemmlandebenen ist auch, dass hinter den Dünen typischerweise Brachwassersümpfe liegen.

Der größte Teil der großen Dünensysteme der Schwemmlandebenen existiert nicht mehr. Nahezu voll ausgebildet sind sie nur noch in der Bucht von Alcúdia und im Becken von Campos, an den Stränden Es Trenc und Sa Ràpita. An der Playa de Palma lockern immer wieder einzelne pittoresk

Weißer Sandstrand, so weit das Auge reicht – Es Trenc zwischen Ses Covetes und Colonia Sant Jordí

anmutende, mit Kiefern bestandene Sandhügel die geschlossene Hotelbebauung etwas auf. Es handelt sich hierbei um kleine Reste einer ursprünglich weitläufigen, traumhaft schönen Dünenlandschaft, die die „Geister“, die sie rief, nicht überlebte – zu groß war die Zahl derer, die herbeikamen. Außerhalb der Schwemmlandebenen sind eindrückliche und bewundernswerte Dünenlandschaften noch in der Cala Agulla und der Cala Mesquida im Nordosten der Insel ausgebildet.

Für die Bildung und Entwicklung von Dünen ist das Windregime, d. h. die Windstärke und die vorherrschende Windrichtung entscheidend. Auf Mallorca treffen die Winde überwiegend senkrecht auf die Küstenlinie, sodass Querdünen vorherrschen, Dünen also, die parallel zur Küstenlinie verlaufen. Die einzigen Ausnahmen sind nur im südöstlichen Teil der Bucht von Alcúdia zu finden, z. B. am Strand von Son Serra de Marina. Der starke, winterliche Nordwind (*Tramuntana*) trifft hier nicht senkrecht auf die Küste, sondern stürmt schräg auf sie zu und bildet Längsdünen aus, die bis zu 2 km ins Landesinnere vordringen. Die überall sonst ausgebildeten Querdünen reichen dagegen nur bis zu 500 m weit landeinwärts. Das Erscheinungsbild der Dünenlandschaft ändert sich auf dem Weg vom Meer zum Landesinneren (vgl. Abb. S. 110). Je nachdem wie stark der Dünensand fixiert und vor einer erneuten Verlagerung durch den Wind geschützt ist, lassen sich fünf Abschnitte unterscheiden, die jeweils durch eine ganz eigene Pflanzendecke charakterisiert sind:

- Zone des vegetationsfreien Vorstrandes: Die Bereiche die regelmäßig von den Wellen des Meeres überspült werden, die sog. Spülsäume, sind von Natur aus nicht völlig vegetationsfrei, wie man vermuten könnte. Sie sind der Lebensraum des Meersenfs (*Cakile maritima*), einer hochgradig spezialisierten Pflanzenart, die an die hohen Salzgehalte und ihr bewegtes Leben im ständigen Einflussbereich der Wellen perfekt angepasst ist.
- Zone der Embryonaldünen (auch als Vordünen bezeichnet): Sie liegt oberhalb der Springtidenlinie. Es findet eine initiale Vegetationsentwicklung statt, an der aber mangels geeigneter Spezialisierung noch immer nicht viele Arten teilhaben können. Hier liegt das unangefochtene Reich der Strandquecke (*Elymus farctus*), die den Bereich entsprechend dominiert und charakterisiert.
- Zone der mobilen Hauptdünenkette: Die perlweißen, kalkhaltigen, trockenen Dünen sind noch sehr instabil und den ständigen Angriffen des Windes ausgesetzt. Schutz vor der Verlagerung ihrer Sande kann ihnen nur der Strandhafer (*Ammophila arenaria*) bieten. Mit seinen Wurzeln fixiert er den Sand, und der Bereich im Windschatten seines Pflanzenkörpers ist vor der direkten Windeinwirkung geschützt. Der Strandhafer bestimmt als wichtigste Art das Erscheinungsbild der Dünen. Indem er die regelmäßigen Übersandungen aushält und ungerührt weiter wächst,

als wäre nichts geschehen, ist er hervorragend an die Bewegung der Dünen angepasst.

- Zone der semifixierten Dünen mit Zwergsträuchern: Die vorgelagerte Hauptdünenkette bremst die Windgeschwindigkeit deutlich ab, sodass sich hier an flachen Dünenhängen, ebenen Sandflächen und kleinen Vertiefungen erstmals Holzpflanzen in Gestalt von Zwergsträuchern mit guten Fixiereigenschaften ansiedeln können. Charakteristische Zwergstraucharten sind Strand-Kreuzblatt (*Crucinella maritima*), Dünen-Gamander (*Teucrium dunense*), Mittelmeer-Strohblume (*Helichrysum stochas*) und Spatenzunge (*Thymelaea velutina*), ein Endemit der Balearen. Ebenfalls zum ersten Mal im Bereich des Dünengürtels kommt es zu einer beginnenden Bodenbildung, zur Ansammlung von organischem Material

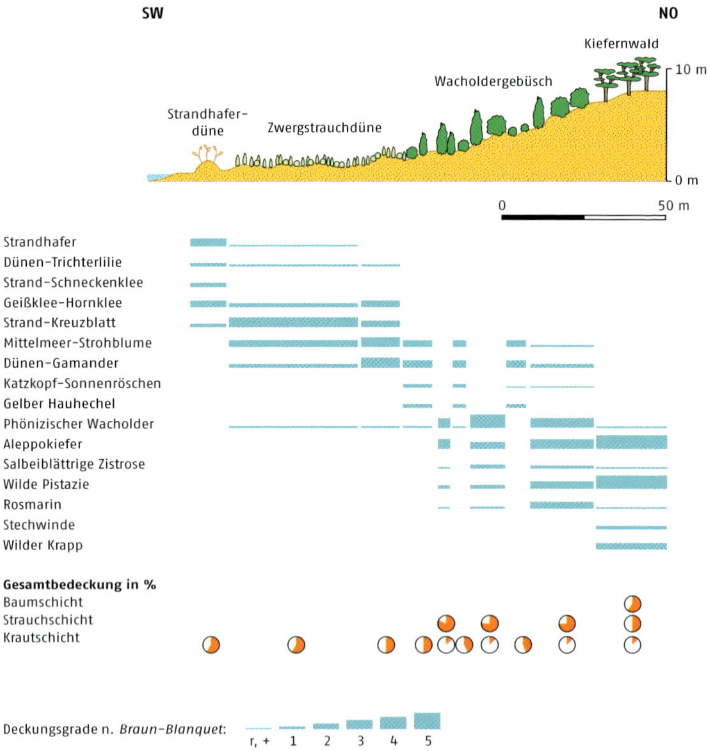

Vegetationszonierung am Strand Es Trenc

im Oberboden und entsprechend zu einer höheren Pflanzenvielfalt. Während die vorgelagerten Dünenzonen aufgrund ihrer extremen Lebensbedingungen überall auf Mallorca von den gleichen Pflanzenarten bewachsen werden, zeigen die semifixierten Dünen regionale Unterschiede in ihrem Pflanzenbewuchs und ihrem Aussehen.

- Zone der fixierten und fossilen Dünen mit Sträuchern und Bäumen: In diesem ca. 200 m vom Meer entfernten Bereich sind die Wind- und Salzeinwirkungen stark herabgesetzt. Der Sand ist vollständig fixiert, und die Dünen sind dicht bewachsen. Im meernäheren Bereich, unmittelbar im Anschluss an die semifixierten Dünen, bestimmt auf Mallorca der weit verbreitete Phönizische Wachholder (*Juniperus phoenicea*) das Bild. Nur am Strand von Muro zwischen Alcúdia und Can Picafort wird er von dem seltenen Großblättrigen Stechwachholder (*Juniperus oxycedrus* ssp. *macrocarpa*) ersetzt. Weiter landeinwärts trifft man auf das höchstmögliche Entwicklungsstadium der Dünenvegetation: lockere Aleppokiefernwälder (*Pinus halepensis*) mit einem meist üppig entwickelten Strauchwuchs aus Wilder Pistazie (*Pistacia lentiscus*) und mit Kletterpflanzen wie Flammender Waldrebe (*Clematis flammula*) und Stechwinde (*Smilax aspera*).

Diese natürliche Dünenabfolge ist auf Mallorca heute nur noch an ganz wenigen Standorten vorhanden. Sehr gut zu sehen ist sie noch an den Stränden Es Trenc und Son Serra. Aber selbst hier fehlen die dem Meer am nächsten gelegenen Zonen, die Spülsäume und Embryonaldünen, völlig.

Strandhafer- und Zwergstrauchdünen bei Son Serra de Marina

Was nun?

Gefahr erkannt, Gefahr gebannt. Nach diesem Motto versuchen die Naturschutzorganisation GOB und das Umweltministerium der Balearen seit nunmehr 15 Jahren in gemeinsamen Anstrengungen, Maßnahmen zu ergreifen, die die Belastungssituation der Sandstrand- und Dünenökosysteme entschärfen. Im Fokus sind vor allem jene Strände, die noch über relativ naturnahe Dünensysteme verfügen. Es handelt sich dabei um die Strände von Muro, Agulla, Mesquida und Es Trenc. Sie alle stehen seit 1991 unter Naturschutz. Der Naturschutzgebietsstatus alleine konnte ihre Situation nicht verbessern, im Gegenteil: Der „Ehrentitel" Naturschutzgebiet wirkt offensichtlich als Magnet, der (verständlicherweise) noch viel mehr Menschen anzieht, auf der Suche nach ihrem persönlichen „Bacardi-Feeling" und „Bacardi-Strand". Wenn der Naturschutzgebietsstatus von der Tourismuspolitik auch noch zur überregionalen Werbung eingesetzt wird, birgt er gar eine existenzbedrohende Gefahr für die Strände und ihre Ökosysteme. So geschehen im Fall des in der Tat paradiesisch schönen Es Trenc bei Còlonia Sant Jordi. In den 1990er Jahre schaltete das Tourismusministerium europaweit in großen Magazinen Anzeigen mit einem ganzseitigen Hochglanzfoto, das die ganze Schönheit des Es Trenc zeigte und die Aufschrift trug „El último paraiso" – das letzte Paradies. Der Ansturm, der noch im gleichen Sommer auf den abseits gelegenen Es Trenc begann, hätte größer nicht sein können. Umfragen am Strand ergaben, dass 70 % der Besucher aufgrund der Werbung gekommen waren. Sehr viele von ihnen hatten weite Anfahrten von ihren Hotels in anderen Teilen Mallorcas in Kauf genommen. Die Beliebtheit des Es Trenc ist ebenso wenig zu drosseln wie das Recht der Urlauber, eine intakte Umwelt zu genießen.

Die einzige Möglichkeit, Mallorcas Küstenschätze zu erhalten, sind aktive Schutzmaßnahmen. Überlegungen, pro Tag nur eine bestimmte Zahl an Besuchern zuzulassen – ähnlich wie dies von nationalen Monumenten wie der Alhambra in Granada bekannt und allgemein akzeptiert ist –, konnten sich noch nicht durchsetzen. Aktive Schutzmaßnahmen wie die Lenkung der Besucher auf Holzbohlenwegen durch die Dünen zum Strand bei gleichzeitiger Absperrung der Dünen mit Seilen dagegen schon. Da auch die Anlage der Sport- und Yachthäfen selbstverständlich nicht mehr rückgängig zu machen ist, sollen Rattanzäune als Sandfänger dienen. Sie helfen, die negativ gewordene Bilanz zwischen Strandabtrag und Stranderneuerung zu sanieren. Bei

Der Tourismus auf Mallorca war lange Zeit ausschließlich ein Badetourismus (vgl. Kap. 6). Der enorme Besucherdruck, der seit 50 Jahren auf den Sandstrand- und Dünenökosystemen lastet, hat zu erheblichen Veränderungen und Schäden an der Dünengestalt und ihrer natürlichen Pflanzendecke geführt (vgl. Abb. S. 114). Ihre großflächige Überbauung mit touris-

exakter Windausrichtung und optimaler Permeabilität der Zäune können in einem Monat Sandgewinne von bis zu 37 m^3 je Meter Zaun erreicht werden (Severa et al. 1994). Nur wenn die Schutzmaßnahmen von Erfolg gekrönt sein werden, können die wenigen noch existierenden naturnahen Sandstrände Mallorcas das Paradies aus Sand bleiben, das sie heute sind. Gelingen kann dies nur, wenn jeder Strandbesucher Verantwortung übernimmt und selbst mit dafür Sorge trägt, dass er auch in vielen Jahren noch genießen kann, was er hier gesucht und gefunden hat. Das bedeutet z. B. zu respektieren, dass auch freie Bürger sich an diesen Stränden nicht frei bewegen können, und mit größter Selbstverständlichkeit und ohne Groll die Maßnahmen der Besucherlenkung zu befolgen. Es bedeutet auch, die Bestimmung der Rattanzäune zu akzeptieren und sie nicht zu anderen Zwecken (z. B. als Rückenlehne) zu missbrauchen und dadurch zu beschädigen. Wenn Strandbesucher sich zum ausführenden Arm und zum Multiplikator des Naturschutzes machen, haben die fragilen Sandlandschaften eine Chance, in Raum und Zeit fortzubestehen – sehr zur Freude aller nachfolgenden Urlauber.

Rattanzäune als Sandfänger am Strand von Muro

tischer Infrastruktur (z. B. Hotels, Apartmentanlagen) ist gleichbedeutend mit einer massiven, direkten, leicht messbaren Lebensraumzerstörung. Daneben mündeten eine Reihe anderer Maßnahmen in ihre schleichende, indirekte Degradation und Vernichtung. Als besonders gravierend haben sich herausgestellt:

Lebensraum von Wind- und Salzspezialisten – Limonium- und Kiefernzone der Felsküste bei El Toro im Südwesten

Spitzwasser an die Felsen, oder aber es wird in weniger konzentrierter Form mit der Gischt, durch sog. Salzspray, eingetragen. Ein geschlossener Gürtel aus Salz ertragenden höheren Pflanzen bildet sich in der Regel erst dort aus, wo der direkte Spritzwassereinfluss selten ist, d. h. durchschnittlich in einer Höhe von 5 m über dem Meeresspiegel. Dieser Gürtel zeigt eine deutliche Zweiteilung. Der meernahe Bereich, unmittelbar über der Spritzwassergrenze, wird von Arten der Gattung *Limonium* (Strandflieder) eingenommen. Die Strandfliederarten bilden hier niedrigwüchsige, an der Basis verholzte Polsterpflanzen, die in Felsritzen und Felsspalten wurzeln. Die extremen Umweltbedingungen erzwangen von den Pflanzenarten einen hohen Grad der Anpassung und Spezialisierung. Aus diesem Grund ist es die Gattung *Limonium*, die auf der Insel die größte Zahl an Endemiten (vgl. Kap. 5) hervorgebracht hat. 37 Limoniumarten gibt es hier, 28 davon sind Endemiten von Mallorca, kommen also weltweit nur hier vor.

Gemeinsam mit Strandflieder tritt typischerweise der Meerfenchel (*Crithmum maritimum*) auf. Die Pflanze ähnelt dem Wilden Fenchel, und diesem Umstand verdankt der bis zu 40 cm hohe, gelb blühende Doldenblütler mit den blaugrünen, dickfleischigen, gefiederten Blättern seinen Namen. Reich

Meerfenchel *(Crithmum maritimum)*

an Vitamin C, kannte man bereits im 15. Jh. die vorbeugende Wirkung der Pflanze gegen Skorbut, sodass sie in großen Mengen gesammelt und haltbargemacht in einer Essiglake auf keinem auslaufenden Schiff fehlte. Die ihm zugeschriebene Heilwirkung brachte dem Meerfenchel auch den deutschen Beinamen Bazillenkraut ein. Von den Einheimischen *Fonoll mari* genannt, würzen und verfeinern seine noch vor der Blüte im Juni geernteten zarten, jungen Blätter die traditionelle Küche. Die Felsküsten liefern das delikate Kraut, das eingelegt in mildem Weißweinessig klassische mallorquinische Gerichte wie *Arrós brut* (Reisgericht) und *Pa amb oli* (Brot mit Olivenöl und Tomaten) bereichert oder eingelegten Oliven und Schinken vom schwarzen Schwein (vgl. Kap. 3) den besonderen Geschmack verleiht. Über den Geschmack von *Fonoll mari* lässt sich trefflich streiten: Von leicht nach Zitrone schmeckend über süßlich, bitterlich bis Anisgeschmack reichen die Einschätzungen. Wie das möglich ist? In diesem Fall gilt: Probieren geht über studieren. Machen Sie vor Ort den kulinarischen Selbsttest! Sollte er Ihnen zusagen, können Sie in Bodegas und Delikatessenläden eingelegten Meerfenchel in Gläsern erwerben und den Geschmack der Felsküsten Mallorcas mit nach Hause nehmen.

An die Limoniumzone schließt sich in etwa 30 m Höhe an windexponierten Standorten wie Cap Formentor, Cap de Salinas oder Cap de Capdepera eine Zone mit ebenfalls niedrigwüchsigen, halbkugeligen und z. T. dornenbesetzten Zwergsträuchern an. Charakterstische Art dieser Zone ist der Dornlattich (*Launaea cervicornis*). Der Körbchenblütler setzt im Frühsommer auf den Felsen mit seinen Blüten leuchtend gelbe Farbakzente. Das Besondere an dieser Zone ist, dass in ihrem oberen Bereich, dort, wo der Salzeinfluss nur noch minimal ist, Dornpolsterpflanzen aus der obersten (suprameditерranen) Gebirgsstufe auf Meeresniveau vorkommen. Die Felsküsten als Lebensraum für Dornpolsterpflanzen sind möglich, weil sie hervorragend an hohe Windgeschwindigkeiten angepasst sind (vgl. Kap. 4) und gegenüber anderen Arten entsprechende Konkurrenzvorteile auf den Felsstandorten genießen.

Mit nachlassender Wind- und Salzeinwirkung können an der Kante der Felsküsten erste höherwüchsige Gehölzpflanzen Fuß fassen. Ihr Wuchs zeigt häufig noch eine typisch abgeschrägte, windgescherte Form. Verstärkt wird diese Wuchsform durch den noch nicht völlig zum Erliegen gekommenen

Vom Wind deformiert – Windschur am Cap Blanc

Einfluss der Salzspray. Bei sehr hohen Windgeschwindigkeiten kann sie auf der windzugewandten Seite zum Absterben von Teilen der Blattmasse führen. Ein eindrücklicheres sichtbares Zeichen, wie die Windgewalten dem Leben an den Felsküsten ihren prägenden Stempel aufzwingen, als diese in Form gepressten Gehölze kann es nicht geben. Sehr eindrücklich zu sehen ist dieses Phänomen am Cap Blanc: Wilde Pistazie, Phönizischer Wachholder und Aleppokiefer sind im Wesentlichen die Arten, die an diesen Standorten den Kampf um ihr Dasein gegen die raue Natur der Felsküsten aufnehmen. Obwohl in den vergangenen zwei Jahrzehnten eine intensive Überbauung zahlreicher Felsküstenabschnitte mit Hotels und Zweitwohnsitzen stattgefunden hat, sind die Lebensräume der Felsküsten im Vergleich zu den Sandküsten dennoch deutlich weniger belastet und gefährdet. Es bewegen sich aber viel mehr Menschen in den zugänglichen Felsbereichen als früher, und entsprechend findet an vielen Stellen eine Schädigung der ebenfalls sehr trittempfindlichen, sich nur langsam regenerierenden Pflanzenarten der Felsküsten statt. Viele von ihnen kommen nur an den Felsküsten Mallorcas oder der anderen Baleareninseln vor. Einige dieser Endemiten, vor allem unter den Strandfliederarten, sind auch hier so selten, dass gelegentlich der

Verlust von wenigen Individuen oder Standorten bereits zu ihrem Aussterben führen kann. Deshalb sollten Besucher beim Erkunden der Felsen auf ihre Schritte achten.

Brackwassersümpfe – ein Paradies für die Vogelwelt

Hinter den Dünen, landeinwärts, sind oft Brackwassersümpfe ausgebildet, für deren Entstehung die Sandstrände mitverantwortlich sind. Diese Sümpfe sind vor allem ein Phänomen der Schwemmlandebenen, wo das überall hoch anstehende Grundwasser teilweise in Quellen zu Tage tritt. Dieses austretende Wasser wird wie alle anderen Oberflächenabflüsse auf dem Weg zum Meer von dem vorgelagerten Strandwall aufgestaut, und es entstehen große versumpfte Bereiche. Unter dem Strandwall drückt Meerwasser in die Sumpfgebiete und vermischt sich mit dem Süßwasser zu Brackwasser. Die absolute Menge des einströmenden Salzwassers ist gering, seine Wirkung auf Pflanzen und Tiere aber enorm.

Das größte und bedeutendste Sumpfgebiet Mallorcas ist S'Albufera bei Alcúdia. Es ist in den vergangenen 100 000 Jahren aus einer ehemaligen Lagune hervorgegangen, die vor ca. 10 000 Jahren durch die nacheiszeitliche Bildung des Dünengürtels allmählich vom Meer abgeschnürt wurde und verlandete. Das Gebiet von S'Albufera liegt mit max. 10 m nur knapp über dem Meeresspiegel. Gespeist wird es von ober- und unterirdischen Zuflüssen aus dem nördlichen und zentralen Teil der Insel. 640 km^2 umfasst sein Wassereinzugsgebiet. Oberflächenzuflüsse spenden dem Gebiet mit 20 bis 24 hm^3 pro Jahr etwas weniger als die Grundwasseraustritte (25 bis 30 hm^3/J) (Conselleria de Medi Ambient 2005). Die Höhe der Süßwasserspeisung bestimmt, wie viel Meerwasser zufließen kann. Je geringer der Süßwasserzufluss, desto größer ist die Rate des eindringenden Salzwassers. Genau hier liegt die bedeutendste Gefährdungsursache für das Sumpfgebiet und seine Lebensgemeinschaften. Denn der Bewässerungsfeldbau bei Sa Pobla konkurriert direkt mit dem Feuchtgebiet um die knappen Wasserressourcen. Hier wird das aus der Serra de Tramuntana in die Bucht von Alcúdia einströmende Wasser zur Bewässerung der landwirtschaftlichen Kulturen angezapft, sodass das Feuchtgebiet und seine Lebensgemeinschaften permanent von Versalzung bedroht sind. Ein Landnutzungskonflikt zwischen Naturschutz und Agrarwirtschaft, der in Mallorca die Gemüter für die eine oder andere Seite bewegt, aber mit Sicherheit niemanden kaltlässt. S'Albufera hat glücklicherweise den höchsten Trumpf: die Urlauber, insbesondere die zahllosen Vogelfreunde und Liebhaber der Sumpflandschaft, die in der Sonne und Hitze Mallorcas so eigentümlich deplaziert und doch so anziehend wirkt. Die Besucher des Sumpfgebietes

Schilf und Wasser – Entwässerungskanal im Sumpfgebiet S'Albufera

werden im Besucherzentrum registriert, nicht nur aus Gründen der Kontrolle, wie viele meinen. Jeder der mittlerweile 100 000 Besucher im Jahr wird stolz präsentiert – jeder einzelne als ein Argument für die Erhaltung des Sumpfgebietes.

S'Albufera war für den Menschen lange Zeit ein nur sehr schwer zu nutzender Raum. Die wirtschaftlichen Aktivitäten beschränkten sich auf die Fischerei, die Vogeljagd und den kleinflächigen Reisanbau. Schon die Römer verschifften regelmäßig Purpurhühner und Nachtreiher aus S'Albufera als mallorquinische Spezialitäten nach Rom. Das Sumpfgebiet war eine Malariabrutstätte und als solche eine akute Bedrohung für die Menschen in seiner Umgebung. Deshalb begann man bereits im 17. Jh. mit ersten Trockenlegungsmaßnahmen im westlichen Teil. In großem Stil fanden sie aber erst ab 1863 statt: 400 km Kanäle und Entwässerungsgräben wurden vornehmlich zur Gewinnung neuer landwirtschaftlicher Nutzflächen angelegt. Die verbliebenen vernässten Bereiche wurden zur Beweidung mit Rindern und die dortigen Schilfbestände zur Papiergewinnung genutzt.

Das Feuchtgebiet von S'Albufera ist ein Zentrum der Artenvielfalt auf Mallorca und das Wasser die Basis seines biologischen Reichtums. Offene

Wasserflächen kommen eng verzahnt mit verschieden stark versumpften Bereichen vor. Unterschiede im Feuchte- und Salzgehalt der Böden spiegeln sich im Mosaik der Pflanzendecke wider: Dauerhaft überflutete, salzärmere Standorte werden von hohen Röhrichten aus Schilf, Schneideried und Rohrkolben eingenommen; im Sommer abtrocknende, salzreiche Standorte in Meernähe werden dagegen von niedrigwüchsigen Strauchquellerfluren und Binsen bewachsen. In beiden Bereichen bilden Tamarisken locker eingestreute Baumgruppen. Die Ufer der Wasserkanäle sind von Silberpappeln und Ulmen gesäumt. Die verschiedenen Pflanzengemeinschaften bieten einer Vielzahl von Tieren Lebensraum, Nahrung und Schutz. Die Vielfalt der Wirbellosen ist besonders groß. Die bemerkenswertesten Gruppen sind sicher Libellen, Fliegen (mit endemischen Arten), Spinnen und ganz besonders Nachtfalter, von denen allein mehr als 300 Arten vorkommen. Die Gewässer sind Lebensraum für 29 Fischarten, die in reichen Beständen vorkommen. Alle genannten Artengruppen bilden die Nahrungsgrundlage für die wichtigste und beliebteste Tiergruppe des Feuchtgebietes, die Vögel.

Von den insgesamt hier zu beobachtenden 265 Vogelarten (Conselleria de Medi Ambient 2002) sind Arten, die ganzjährig in S'Albufera leben, von den Zugvögeln zu unterscheiden, für die das Feuchtgebiet eine wichtige und unverzichtbare Brut-, Überwinterungs- und Raststätte ist. Besondere Bedeutung hat S'Albufera für Wasservögel, wie Reiherarten (z. B. Purpur-, Seiden und Nachtreiher), Entenarten (z. B. Kolben-, Ruder-, Löffel- und Pfeifenten) und die breite Vielfalt der Watvögel (z. B. Stelzenläufer, Kampfläufer, Flussregenpfeifer).

Aufgrund dieser beeindruckenden Vogelfauna wurde S'Albufera mittels Erlass vom 28. Januar 1988 als Naturpark und damit zum ersten Naturschutzgebiet der Balearen ausgewiesen. Aufgrund seiner länder- und kontinentübergreifenden Bedeutung als dauerhafter Lebensraum und vorübergehende Lebensstätte einer Vielzahl von Vogelarten fällt das Gebiet unter die europäische Vogelschutzrichtlinie und wurde in die Liste der Feuchtgebiete von internationaler Bedeutung (Ramsar-Konvention) aufgenommen. Um diese Bedeutung langfristig zu sichern, ist es unter ständiger wissenschaftlicher Bobachtung und unter fachgerechter Pflege. Um möglichst viele offene Flächen zu erhalten, wurde die traditionelle Nutzungsweise, die zur Entstehung des mosaikartigen Charakters der Pflanzendecke geführt hat, wieder aufgenommen: die Beweidung mit Rindern, die heute auch mit Pferden aus der Camargue und unter Einsatz von asiatischen Wasserbüffeln betrieben wird. Der Wasserzufluss unterliegt ebenso wie die Qualität des Wassers ständigen Kontrollen. Große Energie wird auf das Aufspüren und Bekämpfen von gebietsfremden Arten (Florida-Sumpfschildkröte, Karpfen, Katzen) verwendet, die den Bewohnern des Sumpfgebiets gefährlich werden können.

Auch die menschliche Spezies unterliegt einer Anwesenheitskontrolle durch Anmeldepflicht und einer geschickten Besucherlenkung, die Interessierte auf mehreren vorgegebenen Routen mit Beobachtungsständen und -türmen das Feuchtgebiet erschließt, ohne es dabei zu gefährden. Die Bemühungen um die Wiederherstellung des traditionellen Gebietscharakters haben auch zur Wiedereinführung des Reisanbaus in S'Albufera geführt. Auf 46 ha wurden 2008 162 t Reis geerntet. Verpackt in kleinen Reissäcken à 500 g kann er im Informationszentrum als kulinarisches Mitbringsel aus einem der wichtigsten Vogelschutzgebiete Europas erstanden werden.

Thermo- bis mesomediterrane Steineichenwälder: immergrüne Wälder in der Serra de Tramuntana

Vom Verschwinden der immergrünen Steineichenwälder

Noch Ende des 19. Jh.s bezeichnete Erzherzog Ludwig Salvador die immergrünen Steineichenwälder als Mallorcas wichtigste Waldbestände, die die Abhänge der Nordküste sowie die Täler und Schluchten der Serra de Tramuntana bedeckten. Er beschreibt 1897: „Sie bekleiden die steilsten Felsen und nisten sich in unerreichbaren Felsschluchten ein, aus deren tiefem Grün dann bloß die kahlen Felsenkegel der höchsten Gebirgsspitzen emporragen. Häufig trifft man dieselben auf den sonnigeren Lehnen mit einigen Kiefern vermengt. Aber nicht bloß in der Sierra, sondern auch in der Gegend von Artá kommen einige schöne Eichenwaldungen vor." Das Bild, das diese Beschreibung vor dem geistigen Auge des Lesers entstehen lässt, hat nur noch sehr wenig gemein mit dem Landschaftsbild, das wir heute sehen. Die Steineichenwälder, von den Einheimischen *alzinares* genannt, sind kein prägendes landschaftliches Stilelement mehr. So rar sind sie mittlerweile geworden, dass sie Gegenstand des Naturschutzes sind. Gezielte Schutzprogramme sollen heute die Verjüngung und Ausbreitung der noch bestehenden Wälder fördern. Dass die *alzinares* die Serra de Tramuntana nicht mehr mit einem großzügigen, grünen Mantel überziehen, sondern aufgelöst in einzelne Flicken vorkommen, ist die Folge ihrer intensiven Nutzung. Ihre Abholzung zur Gewinnung von landwirtschaftlicher Nutzfläche hat große Waldbereiche verschlungen. Aber auch die vielfältigen Nutzungsmöglichkeiten des Holzes führten zu fast ebenso großen Flächenverlusten. Je nach Größe und Anzahl der Bäume teilten die Mallorquiner ihre *alzinares* in vier wirtschaftliche Klassen. Auch das wundert uns heute, denn die Wälder, die wir noch durchwandern können, sind nur etwa fünf bis acht Meter hoch und haben durch den niedrigen, eigenwilligen, tief verzweigten Wuchs ihrer Bäume den Charakter von Nie-

Grünes Dickicht – immergrüner Steineichenwald in der Serra de Tramuntana

derwäldern. Stattliche Exemplare mit einem Stammumfang von mehr als 9 m, wie der Erzherzog sie bei Lluc noch bewundern konnte, gibt es kaum mehr. Die wild anmutende, zu den kargen felsigen Standorten der Wälder passende Wuchsform ist nicht natürlich, sondern durch die menschliche Nutzung bedingt. Die immergrünen Eichen des Mittelmeerraumes sind in der Lage, nach einem Brandereignis oder nach Einschlag wieder kräftig ausschlagen.

Besonders wichtig waren die Wälder als sog. Waldweide zur Mast der Schweine mit Eicheln. Die meisten Steineichenbäume (*Quercus ilex*) liefern eher bittere Eicheln, und nur wenige Exemplare produzieren süße Früchte. Die Rundblättrige Steineiche (*Quercus rotundifolia*) ist für ihre besonders süßen Eicheln bekannt und wurde deshalb vielfach auf die anderen gepfropft. Ein als Waldweide vorgesehener Bereich wurde mit Zäunen aus Astwerk eingezäunt, die Schweine in dieses Gehege getrieben und dort sich selbst überlassen. Auf diese Weise sparte man sich das Einsammeln der Eicheln. Eine natürliche Verjüngung der Waldbestände konnte durch das ständige Durchwühlen des Bodens allerdings nicht mehr stattfinden.

Tief in ihrem Inneren verbergen die Steineichenwälder eigentümliche, zerfallene Reste steinerner Konstruktionen. Es sind die Zeugen eines Lebens vom und im Wald. Nachdem diese Nutzungsweisen von modernen Techniken ersetzt wurden, machte sich niemand die Mühe, die überflüssigen „Freiluftwerkstätten“ abzubauen. Umschlossen und überdacht von Steineichen erinnern sie als kleine Denkmale an längst vergessene, entbehrungsreiche Lebens- und Wirtschaftsweisen, von denen uns kaum mehr als fünf Jahrzehnte trennen. Holzkohle war das wichtigste Brennmaterial auf Mallorca und die Steineichen der wichtigste Rohstofflieferant hierfür. Die aus ihnen gewonnene Holzkohle hatte einen wesentlich höheren Brennwert als jene, die aus der Aleppokiefer und dem Wilden Mastixstrauch hergestellt werden konnte. Die Steineichenholzkohle wurde hauptsächlich in den höheren Lagen der Serra de Tramuntana gewonnen. Runde Plätze aus verfestigter, mit Steinen eingefasster Erde (*sitjas*) bildeten das Fundament der sehr zahlreichen Meiler. Es hatte einen Durchmesser von 4 bis 6 m. Hierauf wurde das Holz geschichtet, mit Zweigen dachförmig abgedeckt und diese dann mit Tonerde überschüttet. Nur das oberste Ende dieses runden Turmes blieb offen. Durch diese Öffnung wurde der Holzstoß angezündet. Der Schwelprozess dauerte bis zum Erreichen des gewünschten Verkohlungsgrades etwa zehn bis zwölf Tage. Die Köhler kamen meist aus Deià oder Bunyola und kauften für gewöhnlich ein Stück Wald, aus dem sie die Holzkohle anfertigen konnten. Es kam aber auch vor, dass sie sich von Waldbesitzern anstellen ließen, um deren Wald in Holzkohle umzuwandeln. Die Holzkohlegewinnung dauerte vom Fällen der Bäume über ihren beschwerlichen Transport zu den *sitjas* und den eigentlichen Herstellungsprozess hin zum Abtransport zu den Käufern vom Frühjahr bis zum Herbst. In dieser Zeit blieben die Köhler meist alleine bei ihren *sitjas*, in deren Nähe sie sich niedrige „Hütten" aus Zweigen errichteten, die nur manchmal eine Steineinfassung besaßen. Die Meiler mussten Tag und Nacht bewacht werden – weniger zum Schutz gegen Diebe als zur Verhütung von Waldbränden. In ihren einsamen, entbehrungsreichen Arbeitsleben mit dürftigen Speisen und permanent von Kohlenruß bedeckten Körpern produzierten die Köhler je Meiler 2000 t bis 3000 t Holzkohle. Dazu mussten 3 bis 4 ha des Steineichenwaldes gefällt werden. Der Raubbau an der Gesundheit der Menschen dieses Berufsstandes und an

Grüne Bodenkreise im Steineichenwald: Intensive Moosbedeckung kennzeichnet ehemalige Meilerplätze

den Steineichenwäldern endete erst in den 1960er Jahren, als importiertes Propangas die Holzkohle ersetzte.

In der Nähe der Meiler wurden oft Kalkbrennöfen errichtet, die mit Holzkohle befeuert wurden. Sichtbar ist heute meist nur die oberirdisch gemauerte runde Umfassungsmauer mit einem Durchmesser von 4 bis 6 m. In das in den Boden gegrabene eigentliche Ofengewölbe wurde Kalkgestein eingeschichtet, mit Steinplatten und Erde abgedeckt und bei 1 000 bis 1 200 Grad zehn bis 15 Tage gebrannt. Es entstand dabei Kalziumoxid, sog. Branntkalk (Ätzkalk), ein farbloses Pulver, das als wichtiges Baumaterial (z. B. Kalkmörtel) eingesetzt wurde. Nach Entstehung des Branntkalkes wurde dieser teilweise mit Wasser abgelöscht, was zur Bildung von Kalziumhydroxid, sog. Löschkalk, führte. Seine Herstellung konnte nur in der unmittelbaren Nähe von Wasservorkommen erfolgen. Löschkalk fand als Pflanzenschutzmittel in den Weinbergen Verwendung oder diente zum Desinfizieren der Ställe. Die Nachfrage nach Brannt- und Löschkalk war zum Schaden des Waldes groß. Für die Herstellung von 100 bis 150 t Kalk waren 10 t Holzkohle notwendig, also die Hälfte bis ein Drittel der Gesamtproduktion eines Meilers.

Gemauerte Reste dieser gewissermaßen industriellen Nutzung sind von aufmerksamen Augen fast überall in den noch verbliebenen Wäldern zu entdecken. Nicht zu übersehen sind sie im Naturpark Son Moragues. Hier führt der Weg von Valldemossa zum Teix über den Platz des Camí d'es Pouet, einem Knotenpunkt, an dem sich die alten Karrenwege der Köhler trafen, nach oben, beschattet von Steineichen und vorbei an Meiler- und Kalkofenresten.

Mit diesen Wald verschlingenden Nutzungsformen endeten die Ansprüche an den Steineichenwald aber noch nicht. Das florierende Lederhandwerk im Raiguer (vgl. Kap. 3.2) verlangte nach großen Mengen an Gerbstoffen zum Haltbarmachen der Tierhäute. Zum Nachteil der Steineichen enthält ihre Rinde Gerbstoffe aus der Gruppe der Tannine. Zur optimalen Ausbeute wurde die Rinde abgeschält, wenn die Bäume in vollem Saft standen. Und damit nicht genug, die hinsichtlich des Gerbstoffgehaltes wertvollste und damit begehrteste Rinde war die der jungen Eichen – ein weiteres Desaster für die Verjüngung und den Fortbestand der Steineichenwälder auf Mallorca. Erzherzog Ludwig Salvador stellte im Jahr 1897 fest, dass die Gerbereien der Insel jährlich fast 1 000 t Rinde verbrauchten.

Eine forstliche Hege und Pflege der Waldbestände wurde nie betrieben – auch, weil die Waldbestände in sehr kleine private Besitzeinheiten aufgesplittert waren. Eine besitzübergreifende Regelung zu finden oder gar durchzuführen, wäre ein extrem schwieriges Unterfangen gewesen. Aber auch die privaten Waldbesitzer verschwendeten nie einen Gedanken an die wünschenswerte Nachhaltigkeit ihrer Nutzung. In den wenigen nicht privaten Gemeindewäldern war die Situation noch dramatischer, da sie von allen Bewohnern nach Bedarf (Brennholz, Waldweide) genutzt werden konnten, der verständlicherweise stets hoch war. In der Folge nahmen die Steineichenwälder rapide ab. Der Erzherzog, der Zeuge der Waldvernichtung war, klagte: „Manch kahle Bergrücken, die vorher durch einen üppig grünenden Mantel von immergrünen Eichen bekleidet waren, sieht man jetzt dürr und verlassen emporragen.“ Da er fälschlicherweise glaubte, dass infolge der Abnahme des Waldes auch die Regenmenge auf Mallorca zurückging, wünschte er sich ein strenges Forstgesetz, das Abhilfe schaffen und dem Raubbau ein Ende setzen würde. Diese Hoffnung hat sich bis heute nicht erfüllt.

Zum Glück eignet sich das harte, schöne Holz der Steineichen nicht zur Möbelherstellung, da es leicht zu springen droht und alte Stämme meist von Larvengängen durchlöchert waren. Dadurch bestehen von menschlicher Seite zurzeit keine Nutzungsansprüche mehr an die letzten Steineichenwälder Mallorcas.

Klein, aber fein: der majestätische Rest der Steineichenwälder

In ihrer Gesamtheit nehmen die Steineichenwälder heute noch 8 % der Inselfläche (ca. 27 000 ha) ein (Conselleria de Medi Ambient 2010). Dazu zählen auch jene Wälder, die an der Obergrenze ihres Lebensraumes in etwa 1 100 m durch Weidevieh aktuell noch wiederholten Störeinflüssen unterliegen. Diese Bestände werden mit zunehmendem Nutzungseinfluss immer lichter, bis sie sich im Extremfall soweit auflösen, dass die Bezeichnung „Wald“ unangebracht erscheint. Sie nehmen dann eher den Charakter einer offenen Parklandschaft an, in der sich dichte hohe Dissgrasfluren mit lockeren Baumbeständen durchdringen.

Im zentralen Teil der Serra de Tramuntana zwischen 800 und 1 000 m Höhe sind die Steineichenwälder aber noch gut repräsentiert. Ihre größten Bestände sind zwischen Puigpunyent und Sóller sowie um den Massanella ausgebildet. Hier trifft man auf die am besten erhaltenen und vergleichsweise wenig gestörten Wälder der Insel, die ihrem Namen alle Ehre machen, weil sie in der Baumschicht aus nichts anderem als Steineichen bestehen. Die tiefgrünen, ausladend runden Baumkronen schließen sich zu einem dichten Dach zusammen, das nur sehr wenig Sonnenlicht zum Boden durchdringen lässt. Deshalb sucht man Sträucher im Unterwuchs nahezu vergebens. Auch krautige Arten am Boden sind eher selten zu finden. Das reichlich vorkommende Balearen-Alpenveilchen, das die typischen Waldbestände charakterisiert, entschädigt den Betrachter aber für die vielleicht vermisste Vielfalt an Pflanzenarten. Intakte Steineichenwälder sind dichte, schattige und feuchte

Oasen, vor allem in der sommerlichen Hitze. Sie strahlen eine tiefe Ruhe aus – gerade auch deshalb, weil sie arm an Formen, Strukturen und Farben sind. Weniger ist mehr. Ein unaufgeregtes Spiel grüner Schatten und Schattierungen begleiten denjenigen, der sie durchquert. In nordwestlichen Lagen, in Höhen ab 600 m, noch besser ab 900 m, wo feuchte Luftmassen auf das Gebirge treffen und die Wälder durchziehen, hängen lange, dichte Bartflechten von den Ästen der Steineichen herab und verleihen dem Wald in dem mediterranen Ambiente der Insel ein etwas unwirkliches Zauberwaldflair. Der Aufstieg zum Puig de Massanella vom Restaurant am Coll de Sa Bataia an der Straße von Inca nach Lluc führt mitten durch solche Steineichenwälder.

Supramediterrane Gebirgsstufe: karger Lebensraum für Überlebenskünstler

Über den Steineichenwäldern gelangt man auf Mallorca ab 1 100 m Höhe in eine recht eigenwillige, waldfreie Zone, die auch als *étage baléarique* (Balearische Höhenstufe) bezeichnet wird. Sie besteht zunächst aus einem Mosaik aus Hochgrasbeständen und Sträuchern, in das Zwergsträucher mit oft halbkugeligem Wuchs eingestreut sind. Diese Zwergsträucher nehmen mit der

An den Boden gedrückt – Dornpolsterfluren am Teix

Balearen-Tragant *(Astragalus balearicus)*

Höhe zu und bestimmen als charakteristische Vegetation ab 1 300 m das Erscheinungsbild der Gebirgslagen. Da sie nicht nur von halbkugeligem Wuchs, sondern zudem meistens stark bedornt sind, trägt dieser Vegetationstyp den Namen Dorn- oder Igelpolsterflur. Charakteristische Arten mit dieser Wuchsform sind auf Mallorca Balearen-Tragant (*Astragalus balearicus*), Bedornter Gamander (*Teucrium subspinosum*) und Balearen-Stechwinde (*Smilax aspera* var. *balearica*). Die Dornpolsterfluren findet man in allen mediterranen Gebirgslagen von Nordafrika bis Kleinasien, in der Regel aber in größerer Höhenlage (Korsika, Sardinien) oder bei klimatisch trockeneren Verhältnissen (Nordafrika, Kleinasien). Auf Mallorca kommen sie also in einer für den Mittelmeerraum untypisch tiefen Lage vor. Das ist auch deshalb erstaunlich, weil mikroklimatische und wasserhaushaltliche Untersuchungen an Dornpolsterfluren auf Kreta eindeutig bewiesen haben, dass diese Wuchsform eine perfekte Anpassung an die starken Winde in den hohen Gebirgslagen der Mittelmeerregion ist. Die Windgeschwindigkeit ist im Inneren der Polsterpflanzen gegenüber ihrer äußeren Oberfläche um bis zu 98 % abgeschwächt. Dadurch haben die Kernbereiche des Pflanzenpolsters zum einen ein ganz eigenes, feuchteres und ausgeglicheneres Mikroklima, das sehr viel günstiger ist, als das der direkten Umgebung. Zum anderen werden die zarten Blüten, die sich meist im Dornpolster verborgen entfalten, vor der zerstörerischen Kraft des Windes geschützt. Ihre Wuchsform verhilft ihnen in Gebirgsbereichen, die häufig Windgeschwindigkeiten von mehr als 100 km/h erfahren, zur Dominanz zu gelangen.

Für Mallorca wird daher angenommen, dass die Dornpolsterfluren von Natur aus nur inselartig und beschränkt auf die windexponierten Gipfellagen der Serra de Tramuntana wie den Puig Major und den Massanella vorkamen. Nachdem die Steineichenwälder unter dem menschlichen Nutzungsdruck in weiten Teilen ihres Verbreitungsgebietes ausgedehnten Weideflächen gewichen waren, entstanden nachträglich neue Lebensräume für sie. Da ihre Dornen und ihr kompakt kugeliger Wuchs die Pflanzen sehr gut gegen Verbiss schützen, konnten sie von dort auch in die tiefer gelegenen verkarsteten Hochflächen einwandern. Von den Weidetieren verschmäht oder zumindest nicht völlig abgeweidet zu werden, verschaffte ihnen gegenüber anderen Arten trotz ihres langsamen Wachstums so eindeutige Konkurrenzvorteile, dass es zu einer intensiven sekundären Ausbreitung und Lebensraumerweiterung der Dornpolsterfluren in die tieferen Lagen kam. Sie sind Hunger- und Überlebenskünstler, die mit einem Minimum an Wasser und Nährstoffen auskommen, ohne ihre Vitalität einzubüßen.

Von Menschenhand geschaffene Lebensräume

Aleppokiefernwald: Widerständler gegen Trockenheit und Feuerkatastrophen Die Aleppokiefer (*Pinus halepensis*) ist neben der Steineiche der einzige Baum, der auf Mallorca ausgedehnte, wenn auch sehr lichte Waldbestände bildet. Fast 54000 ha nehmen ihre Waldbestände ein (Conselleria de Medi Ambient 2010), die es von Natur aus auf der Insel jedoch nicht geben würde. Sie sind in der einen oder anderen Form eine Folge der menschlichen Nutzung. Die Aleppokiefer kann nur auf offenem, unbeschattetem Gelände, wie es durch den wirtschaftenden Menschen überall geschaffen wurde, keimen und aufwachsen. Als echte Feuerpflanze (Pyrophyt) profitiert sie von Bränden,

Lichter Kiefernwald im Südwesten Mallorcas

die in großer Zahl und sehr oft vom Menschen verursacht werden. Sie ist schnellwüchsig und wird daher gerne zur Aufforstung ehemals von Steineichen bedeckter Regionen verwendet. Die sehr anspruchslose Pionierart kann sehr karge Standorte bis in eine Höhenlage von 800 m rasch und erfolgreich besiedeln, wobei ihr die große Samenproduktion behilflich ist. Im Frühjahr überzieht ein mehrere Millimeter dicker mattgelber Pollenteppich die Insel, der bei Regen die Straßen in eine gefährliche Rutschbahn verwandelt. Anders als die Steineichen ist die Aleppokiefer in der Lage, schon im Alter von nur sechs Jahren die Samenproduktion aufzunehmen. In ihren eigenen Beständen kann sie sich ohne Brandereignisse nicht verjüngen. Die dicke Schicht abgestorbener Nadeln verwehrt ihren Samen den Zugang zum Boden. Gleichzeitig schützen sie den Boden vor zu starker Austrocknung und schaffen so recht gute Keimungsbedingungen für Steineichen. Die trockene Nadelstreu begünstigt allerdings auch die Entstehung von Waldbränden. Der Boden wird dabei „gesäubert", die Hitze führt zum Aufspringen der am Boden liegenden Zapfen, und es kommt zu massenhaftem Jungwuchs. Die Borke der Altpflanzen ist sehr feuerresistent, sodass sie keinen Schaden erleiden, solange das Feuer nicht die Baumkronen erreicht. Die meist sonnendurchfluteten Kiefernwälder bieten oft vielen Pflanzenarten einen Lebensraum. In ihrem Unterwuchs kommen Arten der typischen immergrünen Hartlaubvegetation wie Wilde Pistazie und Wilder Ölbaum, nicht selten auch Orchideenarten vor. So beachtliche Teile der Insel werden von Aleppokiefern eingenommen und so weitreichend haben die Pinienwälder die natürlichen Steineichenwälder auf Mallorca ersetzt, dass der größte Teil der Mallorquiner bei „Aleppokiefer" sofort an „Wald" denkt und die Begriffe fast als Synonym verwendet. Während die Steineichen von der menschlichen Nutzung in die Höhenlagen zurückgedrängt wurden, ist die Aleppokiefer überall sichtbar. Sie ist aus dem mediterranen Gesamtbild der Insel für Einheimische und Urlauber nicht mehr wegzudenken.

Macchie und Garrigue: Ein Paradies für die Sinne Die offenen, lockeren und blütenreichen Strauchformationen, die die Landschaft in weiten Teilen des Mittelmeergebietes und auch auf Mallorca prägen, tragen in den verschiedenen Ländern und Regionen jeweils andere Namen, die auf die lokalen Besonderheiten ihrer floristischen Zusammensetzung hinweisen. Hier werden die französischen Begriffe „Macchie" und „Garrigue" verwendet, die sich im allgemeinen und wissenschaftlichen Sprachgebrauch für diese Vegetationsformen durchgesetzt haben. Es soll aber erwähnt werden, dass in Spanien Macchie die Bezeichnung *matorral* und Garrigue den Namen *tomillar* (von span. *tomillo*: „Thymian") trägt.

Von ihrem Ursprung her sind Macchie und Garrigue Degradationsstadien der natürlichen Steineichenwälder (vgl. Abb. rechts). Entstanden durch Be-

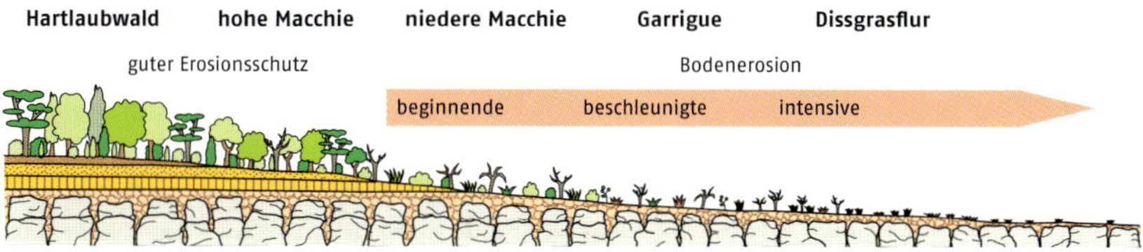

Degradationsschema vom Steineichenwald zur Dissgrasflur

weidung, Holzeinschlag, Feuer und Mahd sind sie die sichtbaren Folgen der jahrhundertelangen Übernutzung und Zerstörung der ursprünglichen Waldvegetation durch den Menschen. Die Intensität, die Zeitdauer und der zeitliche Abstand, in der diese Nutzungen vonstatten gehen, bestimmen, ob Macchie zur Ausbildung kommt oder ob die Degradation bis hin zur Garrigue fortschreitet.

Mit der Macchie und viel mehr noch mit der Garrigue sind an die Stelle der eher artenarmen und einförmigen Wälder strukturreiche Pflanzenformationen getreten, die zu den artenreichsten Europas zählen. Ihr Erscheinungsbild ändert sich zwar nicht auf Schritt und Tritt, aber doch sehr kleinräumig, und spiegelt Änderungen des Bodens und des Mikroklimas ebenso wieder wie Unterschiede in Art und Intensität der ehemaligen und aktuellen menschlichen Einwirkungen wider.

Als Macchie wird eine stockwerkartig aufgebaute, dichte Strauchvegetation bezeichnet, die in der obersten Schicht von immergrünen, oft hartlaubigen Arten dominiert wird, die eine Höhe von 4 bis 6 m erreichen können, üblicherweise durch den Verbiss von Weidetieren aber weit darunter bleiben. Die Sträucher können von einzelnen kleineren Bäumen, in der Regel Kiefern oder Wilden Ölbäumen, überragt werden, und in ihrem Unterwuchs sind nur wenige Gräser und Kräuter zu finden.

Die Gebüsche bestehen auf Mallorca sehr oft aus immergrünen Steineichen, Wilden Ölbäumen, Steinlinden, Wilden Pistazien. Seltener sind auch Erdbeerbäume als optische Besonderheiten daran beteiligt. Im botanischen Sinn hat diese Baumart, die zu den Erikagewächsen zählt, mit Erdbeeren nichts zu tun. Aber seine Früchte, die sich im Oktober von unauffällig grünen unreifen Gebilden zunächst in sonnengelbe, dann leuchtend orangerote und schließlich vollreife, tiefrote, essbare Früchte verwandeln, erinnern in Form und Farbe mit etwas Fantasie an Erdbeeren. Die Geister scheiden sich an der Frage, ob und wie intensiv die anfänglich mehligen, später saftig-aromatischen, etwa 2 cm großen, kugeligen Früchte auch nach Erdbeeren schmecken. Klarheit darüber kann Ihnen nur das Naschen vom Baum verschaffen, das an dieser Stelle nachdrücklich empfohlen wird. Aufgrund des ungewöhnlichen Farbspiels seiner Früchte vor dem Hintergrund tiefgrüner glänzender Blätter ist der Erdbeerbaum in der herbstlichen Macchie nicht zu übersehen. Da er eher auf sauren Böden wächst, findet man ihn auf Mallorca vor allem im Gebiet zwischen Banyalbufar und Valldemossa.

Die Übergänge zwischen Macchie und Garrigue sind fließend, und beide Vegetationsformen durchdringen sich nicht selten. Im Gegensatz zur Macchie fehlen der Garrigue höhere Sträucher weitgehend, und ihr Erscheinungsbild ist lückig. Auf den ersten Blick wird es von Klein- und Zwergsträuchern in lockerer Anordnung, vor allem von Lavendel, Rosmarin, Thymian und Zistrosen bestimmt, die eine Wuchshöhe von einem Meter nicht überschreiten. Auf den freien Bodenflächen dazwischen finden eine Vielzahl einjähriger Pflanzenarten (Therophyten), Gräser sowie Zwiebel- und Knollengewächse (Geophyten) hervorragende Lebensbedingungen. Auf nur wenigen Quadratmetern kommen in der mallorquinischen Garrigue bis zu 83 Pflanzenarten vor (Schmitt 2002). Die Pflanzengemeinschaften sind aufgrund ihrer Entstehungsgeschichte exzellent an eine häufige und intensive Störung durch Brand und/oder Beweidung angepasst. Zistrosen beispielsweise sind regelrechte Pyrophyten, die durch Brände in ihrer Vermehrung gefördert werden. 50 % der Garriguepflanzen sind einjährig und haben ihren Lebenszyklus ebenso wie die Geophyten zur Zeit der hochsommerlichen Brände bereits abgeschlossen. Durch die regelmäßige Beweidung fehlen in der Garrigue auch nie Pflanzenarten, die von Weidetieren gemieden werden,

Blühende Garrigue-Sträucher: Zistrose (*Cistus albidus*) und Lavendel (*Lavandula dentata*)

sog. Weideunkräuter. Dazu zählen stark bedornte Pflanzen (z. B. Disteln, wilde Spargelarten), Pflanzen mit giftigen Inhaltsstoffen (z. B. Wolfsmilchgewächse) und Pflanzen mit scharfen Kristalleinlagerungen (Affodill und Dissgras). Überschreitet der Beweidungsdruck aber einen kritischen Punkt, bleiben von den Garrigueflächen im Lauf der Zeit nur noch fast reine Fluren aus Affodill oder Dissgras und stark mit Disteln durchsetzte Flächen übrig. In der Serra de Llevant liegt der Ort Sant Llorenç, der im 13. Jh. den Beinamen „des Cardassar" erhielt, was soviel bedeutet wie „bei den Disteln". Hier, in den Ausläufern der Serra de Llevant, spielt die intensive Schaf- und Ziegenhaltung seit vielen Jahrhunderten bis heute eine wichtige Rolle.

Obwohl zu jeder Jahreszeit schön, entfaltet die Garrigue ihre größte Blüten-, Farben- und Duftfülle vom zeitigen Frühjahr bis zum Frühsommer. Wer in dieser Zeit den Blick bei einem Spaziergang nach unten richtet, wird mit der Entdeckung einer faszinierenden Pflanzenwelt belohnt. Da an vielen Stellen der kaum vorhandene Boden und ein extremer Nährstoff- und Wassermangel nur die Bildung spärlicher Pflanzenmasse erlauben, wirken viele ihrer Bewohner wie Miniaturausgaben großer Vorbilder. An weniger kargen Standorten wachsen Orchideen, floristische Kleinode und optische Highlights, in einer so üppigen Zahl wie in Mitteleuropa das sprichwörtliche „Unkraut" (vgl. Kap. 5). Zur gleichen Zeit zeigen die drei verschiedenen, auf Mallorca vorkommenden Zistrosenarten ihre zwischen 2 und 8 cm großen, auffälligen, scheibenförmigen Blüten in rosa und weiß. Durch ihren hohen Harzgehalt verströmen die Pflanzen einen starken herb-aromatischen Duft. Mit ihnen blühen Lavendel, Rosmarin und Thymian, die – reich an ätherischen Ölen – die aromatische Duftkomposition der Zistrosen um viele Nuancen ergänzen. Wie ein Freilandlaboratorium zur Parfümherstellung wirkt die Garrigue. Vor allem bei Sonnenschein werden die ätherischen Öle freigesetzt. Die duftende Dunstwolke, die die Pflanzen einhüllt, hat den biologischen Sinn, einen Isolationseffekt herzustellen, der den Pflanzenkörper vor dem direkten Auftreffen der Sonnenstrahlen, vor ständigem Luftaustausch und zu großer Verdunstung schützt. Den angenehmen Entspannungseffekt und hohen Wohlfühlfaktor, die dieser Duftgarten für Körper und Seele des Menschen hat, gibt es sozusagen gratis dazu.

Ein Meer der Farben und Düfte – Blütezeit in der Garrigue

5 Hotspot Mallorca: Pflanzen- und Tierartenvielfalt auf der Insel

Der Mittelmeerraum beheimatet auf nur 1,5 % der Landoberfläche der Erde mit 25 000 bis 29 000 Gefäßpflanzensippen ungefähr ein Zehntel ihres bekannten Gefäßpflanzeninventars (Schmitt 2002). Etwa die Hälfte dieser Pflanzenarten kommt weltweit nur hier vor. Solche in ihrer Verbreitung auf ein bestimmtes Gebiet begrenzte Arten werden als Endemiten bezeichnet. Ihr Verbreitungsgebiet kann räumlich so eng begrenzt sein, dass sich ihr Vorkommen auf eine Inselgruppe, eine Insel oder gar nur einen Gebirgsstock beschränkt. Mit zunehmender Zahl der Endemiten in einer Region steigt ihre Eigenheit und Originalität und damit ihre Bedeutung als genetisches Zentrum und für den Erhalt der globalen Pflanzenvielfalt. Denn sterben Endemiten in ihren Verbreitungsgebieten aus, gehen sie und mit ihnen ein Teil der biologischen Vielfalt der Erde unwiederbringlich verloren.

Der Mittelmeerraum ist weltweit daher eines der wichtigsten Mannigfaltigkeitszentren, sog. Hotspots, für Gefäßpflanzen. Allerdings ist die Zahl der Gefäßpflanzen und der Anteil an endemischen Arten darin nicht gleichmäßig verteilt, sondern es kristallisieren sich elf deutliche Hotspots der Gefäßpflanzenvielfalt heraus. Die Balearen sind einer dieser Hotspots, wobei Mallorca aufgrund seiner Größe sowie seiner ausgeprägten Höhen- und Landschaftsgliederung gegenüber den anderen Inseln die mit Abstand größte Pflanzenvielfalt aufzuweisen hat. Insgesamt 1 494 Gefäßpflanzen kommen hier vor (Schmitt 2008), darunter viele Endemiten. Für Besucher aus Mittel- und Nordeuropa sind die zahlreichen Orchideen, vor allem die Ragwurzarten, ein besonderes Fotohighlight aus der Pflanzenwelt.

Betrachtet man die biologische Vielfalt als Ganzes (Biodiversität), dann besticht auf der Insel vor allem die Pflanzenwelt durch ihren Artenreichtum. Im Vergleich zu ihr ist die Artenvielfalt der Tierwelt, insbesondere der Wirbeltierfauna, weniger eindrücklich. Absolut gesehen ist sie dennoch hoch, vor allem aber birgt die Wirbeltierfauna auf Mallorca in Gestalt der Mallorca-Geburtshelferkröte, katalanisch „Ferreret“, ein faunistisches und naturhistorisches Juwel, das die Herzen nicht nur von Naturliebhabern höher schlagen lässt. Innerhalb der Wirbeltiere stellen die Vögel die artenreichste Gruppe dar (vgl. Abb. unten). Neben den dauerhaft auf der Insel lebenden Brutvögeln und den regelmäßigen Gästen auf dem Durchzug sind immer wieder auch unregelmäßig während ihres Zuges auf der Insel rastende Gäste zu beobachten. Die Brackwassersümpfe der Insel, allen voran S'Albufera bei Alcúdia, stellen die herausragenden Lebensräume, Überwinterungs- und Rastbiotope für die permanente und temporäre Vogelfauna dar. Von den heute auf Mallorca lebenden Säugetieren wurden mit Ausnahme der Fledermäuse alle anderen Arten vom Menschen absichtlich eingeführt oder ungewollt eingeschleppt, sind also Neubürger auf der Insel. Hierzu zählt auch der in den letzten Jahren von Südamerika nach Mallorca gelangte Nasenbär, der sich in der Serra de Tramuntana schnell und gut eingelebt hat und dort mittlerweile zu einem ökologischen Problem geworden ist.

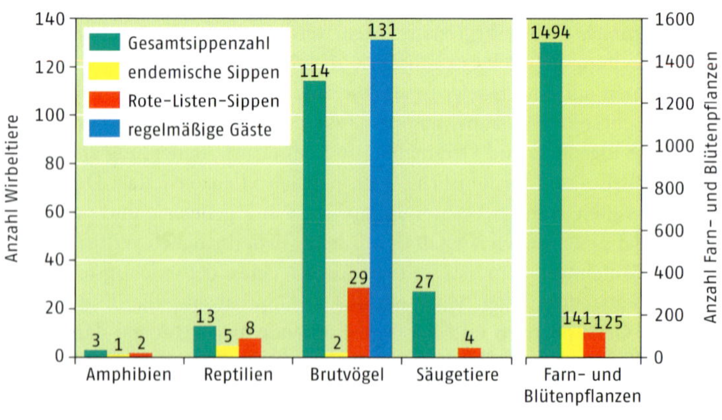

Artenzahlen ausgewählter Artengruppen auf Mallorca

Endemiten in der Pflanzenwelt und ihre Refugien

141 Sippen, das sind 9,4 % der Gefäßpflanzen Mallorcas, sind in ihrer Verbreitung auf die Balearen beschränkt (Schmitt 2008). Etwa die Hälfte davon sind rein mallorquinische Sippen. Sie kommen also weltweit ausschließlich auf Mallorca vor und in ganz großer Zahl als sog. Lokalendemiten sogar nur an wenigen, teilweise winzigen Lebensräumen im Küstenbereich und in der Gebirgsstufe der Insel. Der Lebensbereich von fast 70 % der Endemiten ist auf Felsspalten, Felsküsten und Dornpolsterfluren beschränkt. Sie alle sind Relikte einer Trockenflora, die im Alttertiär unter anderen klimatischen Bedingungen größere Bereiche der Insel eingenommen hat. Sie stammen also aus einer Zeit der Erdgeschichte, die bereits mehr als 50 Mio. Jahre hinter uns liegt. Mit den späteren erdgeschichtlichen Klimaveränderungen und der entsprechenden allmählichen Bewaldung der Insel wurden sie zunehmend auf die extremen Sonderstandorte zurückgedrängt, die heute ihren Lebensraum bilden. Aufgrund ihrer speziellen Anpassungsstrategien (Polsterwuchs, gestauchte Sprossachse und Trockenresistenz) konnten sie hier, wo schlechte Wasserversorgung, sehr hohe Windgeschwindigkeiten und/oder Salzspray das Pflanzenleben bestimmen, freie ökologische Nischen besetzen. Weniger

Balearen-Pfingstrose
(*Paeonia cambessedesii*)

Balearen-Reiherschnabel
(*Erodium reichardii*)

spezialisierte Konkurrenten können sich an diesen Standorten nicht ansiedeln. Ein besonders wichtiges Refugium für Endemiten ist die Serra de Tramuntana im Bereich der höchsten Erhebungen Puig Major und Massanella (vgl. Abb. unten). Hier kommen bis zu 50 Arten auf einer Fläche von 5x5 km vor. Neben diesem zentralen Gebirgsabschnitt zeichnen sich die Halbinsel Formentor im Norden, das Bergland von Artà im Nordosten und der südwestliche Teil der Serra de Tramuntana um den Berg Galatzó mit mehr als 40 Sippen pro Rasterfeld aus. Das überwiegend landwirtschaftlich genutzte zentrale mallorquinische Flachland sowie die Süd- und Ostküste beheimaten dagegen eine deutliche geringere Zahl an Endemiten. Gerade im Felsküstenbereich sind aber mit Endemiten aus der Gattung *Limonium* (Strandflieder), die meist nur in einem Rasterfeld vorkommen, ganz besondere Elemente der insel- und weltweiten Artenvielfalt zu Hause.

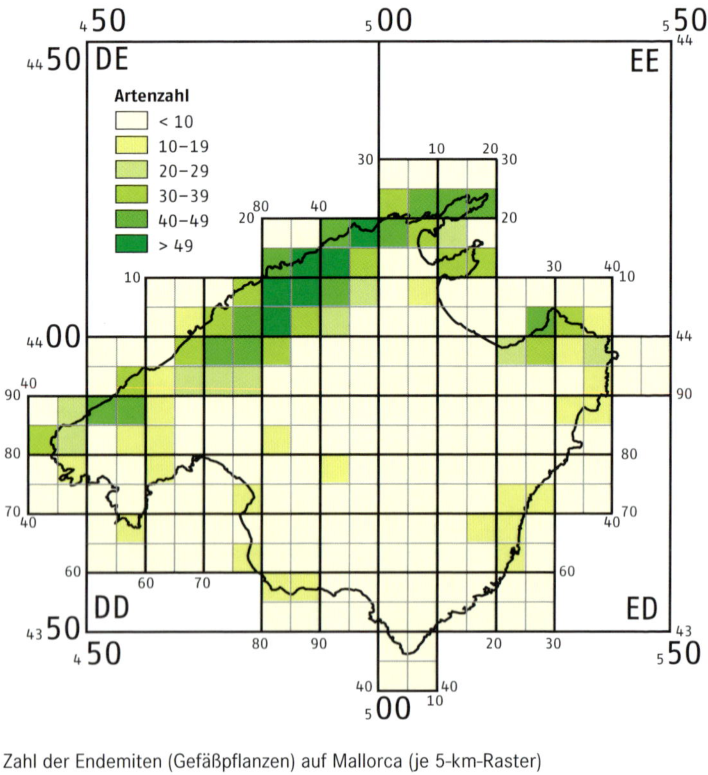

Zahl der Endemiten (Gefäßpflanzen) auf Mallorca (je 5-km-Raster)

Insgesamt 42 der auf Mallorca vorkommenden Endemiten werden in der Roten Liste der Balearen geführt (Sáez & Roselló 2001). Es handelt sich dabei überwiegend um Gebirgsarten, die aktuell eher aufgrund ihrer kleinen Populationen und geringen Reproduktionsraten und weniger aufgrund von menschlichen Einflüssen gefährdet sind. Allerdings stellen der Verbiss durch Ziegen, gezieltes Sammeln und Brände für diese Pflanzen potenzielle Gefahrenquellen dar. Es gibt aber auch Endemiten des Gebirges, die das Erscheinungsbild von Pflanzengesellschaften dominieren und weit davon entfernt sind, kostbare Seltenheiten zu sein. Dazu zählen z. B. Balearen-Tragant und Balearen-Johanniskraut (*Hypericum balearicum*). Ihre große Toleranz gegenüber Umwelteinflüssen und ihre Vitalität ermöglichen ihnen sogar, sich an gehölzfeindlichen Standorten wie Straßenrändern oder windgefegten Küstenabschnitten anzusiedeln. Ganz im Gegensatz hierzu stehen Endemiten, die nur ein einziges oder einige wenige Vorkommen im Küstenbereich besitzen. Eine einzelne Baumaßnahme kann hier zur Ausrottung der Art führen. Unter Naturschutzaspekten sind alle Biotoptypen der Küste Mallorcas aufgrund touristischer Infrastrukturen und Nutzungen als gefährdet einzustufen. Besonders folgenschwer müssen aber touristische Erschließungsmaßnahmen und Aktivitäten im Bereich der salzbeeinflussten Felsküstenvegetation und der Küstensümpfe angesehen werden. Ein Drittel aller Endemiten Mallorcas haben hier ihr Hauptverbreitungsgebiet. In den vergangenen Jahren wurden gerade diese Standorte durch touristisch motivierte Baumaßnahmen im Südwesten der Insel direkt beseitigt oder stark beeinträchtigt. Markantes Beispiel hierfür ist die Region um Magaluf und Santa Ponça, wo Endemiten durch Baumaßnahmen unwiderruflich aus dem lokalen und weltweiten Artenspektrum ausgelöscht wurden bzw. ihr Fortbestand stark gefährdet wurde. In speziellen Artenschutzprogrammen wird nun versucht, der natürlichen Seltenheit und der Gefährdungsdisposition von Endemiten Rechnung zu tragen, damit Mallorca auch in Zukunft ein Refugium für Endemiten und Hotspot der Artenvielfalt im Mittelmeerraum bleibt.

Orchideen auf Mallorca

Unter den Blütenpflanzen nehmen Orchideen wegen ihrer meist auffälligen und schönen Blüten eine Sonderstellung ein. Sie gelten als kostbar und selten und ziehen seit jeher eine große Schar an Naturfreunden, (Hobby-) Botanikern und Naturfotografen in ihren Bann. Die Familie der Orchideen ist eine relativ junge Pflanzenfamilie, weltweit verbreitet, mit der größten Artenvielfalt in den Tropen. Aber auch im Mittelmeergebiet sind sie in großer Mannigfaltigkeit vertreten. Hier handelt es sich im Gegensatz zu den

Tropen durchweg um Erdorchideen, die mit Knollen oder Wurzelrhizomen hervorragend an das sommertrockene und winterfeuchte Klima angepasst sind. Auch zeichnen sich die mediterranen Orchideen genau wie ihre mitteleuropäischen Verwandten durch kleinere Blüten aus. Diese weisen jedoch als Anpassung an ihre Bestäuber eine große Variationsbreite in Form und Farbe auf. Besonders differenziert ist die Koevolution zwischen Bestäubern und Orchideenblüte bei der Gattung *Ophrys* (Ragwurz) fortgeschritten, die sehr charakteristisch für das gesamte Mittelmeergebiet ist. Ihr Entstehungs-

Wespen-Ragwurz (*Ophrys tenthredinifera*)

Spiegel-Ragwurz (*Ophrys speculum*)

Gelbe Ragwurz (*Ophrys lutea*)

Wanzen-Knabenkraut (*Orchis coriophora*)

Robustes Knabenkraut (*Orchis robusta*)

Echter Zungenstendel (*Serapias lingua*)

zentrum liegt jedoch im östlichen Mediterranraum. Auf Mallorca kommen daher mit zwölf Vertretern der Gattung im Vergleich zu ostmediterranen Inseln wie Kreta (30), Rhodos (26) und Zypern (21) eher wenige Ragwurzarten vor – immerhin aber doppelt so viele wie in Deutschland. Ragwurzarten gehören zu den Sexualtäuschblumen. Das heißt, ihre Blüten imitieren Form, Farbmuster und Duft der Weibchen von Bienen-, Hummel- und Wespenarten mit solcher Perfektion, dass die Männchen der jeweiligen Art keine Sekunde zögern und Begattungsversuche auf den Blüten starten. Dabei wird Pollen übertragen, und es erfolgt die Befruchtung der Blüten. Die Orchideen auf Mallorca sind wie im gesamten Mittelmeerraum typische Kulturfolger und als solche vor allem in Garrigue, Trockenrasen und Brachflächen, bevorzugt über Kalkgestein, zu finden. Insgesamt 37 Arten können auf der

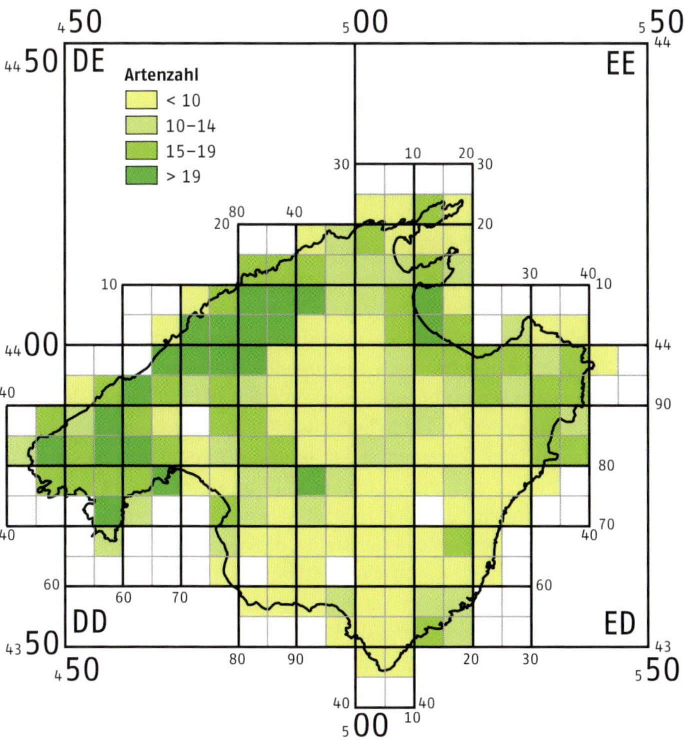

Zahl der Orchideenarten auf Mallorca (je 5-km-Raster)

Insel vor allem im März und April, in höheren Lagen (ab 800 m) auch noch im Mai und Juni in Blüte beobachtet werden. Etliche der Orchideenarten auf Mallorca sind zwar wunderschön, im Gegensatz zu Mitteleuropa aber überhaupt nicht selten, sondern sogar ausgesprochen häufig, leicht zu finden und zu erkennen. Dazu zählen z. B. Spiegel-Ragwurz, Braune Ragwurz, Wespen-Ragwurz, Pyramiden-Hundswurz und Mastorchis. Besonders orchideenreich sind der zentrale Teil der Serra de Tramuntana, der Südwesten Mallorcas mit der Halbinsel Cap de Cala Figuera, die Garrigueflächen und lockeren Kiefernwälder zwischen Palma und Algaida sowie zwischen Alcúdia und Artà (vgl. Abb. S. 141). Eine der seltensten europäischen Orchideenarten, das Robuste Knabenkraut, ist ebenfalls auf Mallorca zu finden. Es besitzt bei Son Bosc am Rand des Sumpfgebietes S'Albufera seine weltweit größte Population. Zwei Drittel der europäischen Population wachsen hier. Sichere Nachweise der Art sind sonst nur noch aus Kreta und Algerien bekannt.

Die Mallorca-Geburtshelferkröte: ein lebendes Fossil in der Serra de Tramuntana

Die Mallorca-Geburtshelferkröte (*Alytes muletensis*) gehört zu den Froschlurchen, einer stammesgeschichtlich sehr alten und urtümlichen Amphibiengruppe. Die Wissenschaft nahm von ihrer Existenz erst vor etwa 35 Jahren Notiz, als 1974 Forscher bei archäologischen Ausgrabungen in Höhlen auf Skelettteile einer bis dahin unbekannten Amphibienart stießen. Eine kleine Sensation zwar, allerdings wurde davon ausgegangen, dass diese Art auf Mallorca im Verborgenen gelebt hatte und irgendwann ausgestorben sein musste. Trotzdem motivierte und mobilisierte die Entdeckung des Skeletts einen Enthusiasten zur systematischen Suche nach der mysteriösen Amphibienart, die 1978 in einem der Torrenten in der Serra de Tramuntana tatsächlich von Erfolg gekrönt war. Der Entdecker fand und fing ein nur 35 bis 40 mm großes lebendes Exemplar, das sich in nachfolgenden Untersuchungen als erwachsene Geburtshelferkröte herausstellte, die einzig und allein auf Mallorca vorkommt, also ein mallorquinischer Endemit ist. In den Folgejahren gelang an sechs weiteren Orten in der Serra de Tramuntana der Nachweis von insgesamt 2000 Tieren (Conselleria de Medi Ambient o. J.). Die Landbevölkerung der Serra de Tramuntana „wusste" bereits vor ihrer Entdeckung durch die Wissenschaft von der Existenz der Mallorca-Geburtshelferkröte, ohne sie je gesehen zu haben und ohne die Tierart benennen zu können. Aber sie kannten ihren Gesang, der in der Dunkelheit weithin zu hören war und dem Klang eines Hammerschlages auf einen Amboss ähnelte. Sie nannten

Mallorca-Geburtshelferkröte (*Alytes muletensis*)

das unsichtbare Fabelwesen Ferreret, was eine Verniedlichungsform des katalanischen *ferrerer* („Schmied") ist und so viel bedeutet wie „Schmiedchen". Und dort, wo sie ihn hörten, wurden selbst Teiche so benannt.

Ferreret – dieser Name für die mallorquinische Geburtshelferkröte ist in den allgemeinen lokalen und internationalen Sprachgebrauch eingegangen und wird selbst in wissenschaftlichen Berichten zur Ansprache des Tieres verwendet.

Im Gegensatz zu den meisten anderen Amphibien, die tausende von Eiern produzieren, hat der Ferreret mit oft nur zehn Eiern eine ausgesprochen geringe Lege- und Reproduktionsrate. Sie trug ganz sicher auch dazu bei, dass die Mallorca-Geburtshelferkröte, bevor ihre Existenz überhaupt in das Bewusstsein der Menschen und der Wissenschaft gelangte, fast ausgestorben wäre. Hauptverantwortlich dafür sind aber ursprünglich auf Mallorca nicht beheimatete Fressfeinde, die mit dem Menschen auf die Insel gelangten. Zu nennen ist vor allem die Vipernatter (*Natrix maura*), ein hoch spezialisierter Amphibienjäger. Bis zu ihrer Ankunft hatte der Ferreret keine natürlichen Feinde. Die Insellage hatte ihn lange Zeit vor ihrem Eindringen in seinen Lebensraum geschützt. Dadurch fehlten ihm aber auch natürliche Abwehrmechanismen wie Hautdrüsen zur Produktion von giftigen Abwehrstoffen, sodass er der Vipernatter schutzlos ausgeliefert war. Überleben konnte und kann der Ferreret nur an schwer zugänglichen Orten wie den engen steilen

Torrenten der Serra de Tramuntana, wo Vipernattern nicht hingelangen können. Der prominenteste Endemit Mallorcas wird seiner Sonderstellung auch durch seine besondere Form der Brutpflege gerecht. Der Laich wird nicht wie bei anderen Amphibien einfach vom Weibchen ins Wasser abgelassen, sondern das Ferreret-Männchen schlingt sich den auf einer Schnur aufgereihten Laich um seine Beine. Wie alle Amphibien leben Ferrerets an Land, genauer gesagt, in feuchten Felsspalten, die sie nur in der Nacht verlassen, um sich in Gewässern anzufeuchten. Während eines solchen Bades öffnen sich die Eier, und die Kaulquappen werden ins Wasser entlassen.

Umfassende Arten- und Lebensraumschutzmaßnahmen gaben und geben dem lebenden Fossil die Möglichkeit, deutlich an Populationsstärke zu gewinnen (vgl. Abb. unten). Dazu zählen das Monitoring seiner Lebensräume und Populationen, die Bekämpfung von Fressfeinden und die Anpassung von Wasserläufen an seine Lebensraumansprüche. Dazu gehörten aber auch seine Aufzucht in Gefangenschaft, in den zoologischen Gärten von Barcelona, Jersey und Stuttgart, mit der nachträglichen Wiederansiedlung an bekannten und neuen Standorten (Conselleria de Medi Ambient 2007). Die überzeugenden Erfolge dieses Maßnahmenpaketes führten dazu, dass der Ferreret von der internationalen Naturschutzorganisation (IUCN) in seinem Fortbestand nicht mehr als stark gefährdet, sondern nur noch als verletzlich eingestuft wird. Der Ferreret ist zur Symbolart des Arten- und Naturschutzes auf Mallorca geworden. Ein lebendes Fossil, das ausgestattet wurde mit einer realistischen Chance, auch zukünftig in Raum und Zeit fortzubestehen.

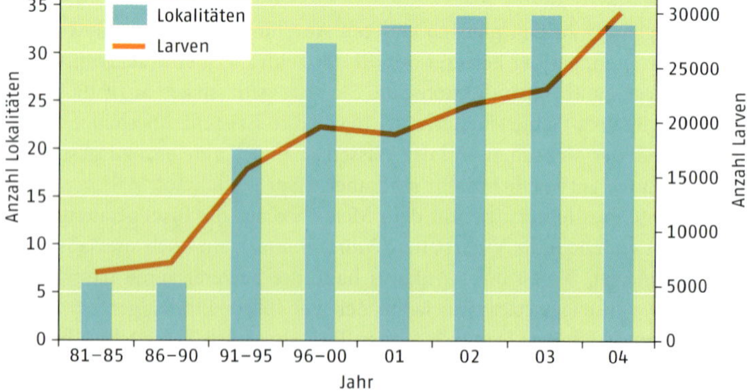

Lebensräume und Populationsentwicklung des Ferreret

Pflanzliche und tierische Neubürger auf Mallorca

Die heutige Artenvielfalt auf Mallorca ist auch das Ergebnis menschlicher Einflussnahme. Zu allen Zeiten, von den ersten Siedlern auf Mallorca bis heute, wurden vom Menschen neue Tier- und Pflanzenarten absichtlich auf die Insel eingebracht oder unbewusst eingeschleppt. Viele davon sind längst schon wieder verschwunden. Andere konnten sich mit den vorgefundenen Umweltbedingungen arrangieren und sind heute fester Bestandteil der Lebewelt Mallorcas. Von besonderem Interesse sind vor allem jene Arten, die sich invasiv verhalten, d. h. sich stark ausbreiten und einheimische Arten zunehmend verdrängen und in ihrer Existenz bedrohen.

Etwa 300 Arten der Gefäßpflanzenflora der Insel sind Neubürger, die auch als Neophyten bezeichnet werden. 60 % davon haben sich erfolgreich in der Natur etabliert und bilden dauerhafte Populationen. 40 % sind subspontan, d. h. in ihrer Verbreitung auf vom Menschen geschaffene Lebensräume beschränkt (Moragues 2010). Ungefähr ein Drittel der etablierten Neuankömmlinge unter den Pflanzen sind Baumarten. Sie erweitern das Baumartenspektrum der Insel beträchtlich, denn von Natur aus haben Bäume nur einen Anteil von 8 % an der Flora. Von den Neophyten gelten

Olivenkultur mit Kapländischem Sauerklee (*Oxalis pes-caprae*)

ca. 10 % als invasiv. Viele der invasiven Pflanzenarten wie die Trichterwinde, das als Topfpflanze in deutschen Gärten sehr beliebte Wandelröschen und der aus der mallorquinischen Kulturlandschaft nicht mehr wegzudenkende Kapländische Sauerklee (*Oxalis pes-caprae*) sind Kulturfolger, d. h. beschränken ihre starke Ausbreitung auf vom Menschen geschaffene Ökosysteme (Dörfer, Städte, landwirtschaftliche Flächen). Während Trichterwinde und Wandelröschen als Gartenpflanzen absichtlich eingeführt wurden, gelangten die Samen des Sauerklees mit Saatgut aus Südafrika nach Mallorca, wo er im Frühjahr Olivenhaine mit einem sattgelben Blütenteppich überzieht. Naturnahe Ökosysteme bleiben von solchen Neubürgern weitgehend verschont.

Als besonders unempfindlich gegen das Eindringen gebietsfremder Arten erweist sich die Gebirgsstufe mit ihren extremen Umweltbedingungen. Von den übrigen naturnahen Standorten sind es vor allem Küstenstandorte, Feuchtgebiete und Schluchten, die von invasiven Arten erobert werden und die sehr empfindlich auf ihr Eindringen reagieren, wie das besondere Beispiel der Mittagsblumen zeigt. Aber auch Kaktusfeigen aus Südamerika verdrängen als aggressive Invasoren im Küstenbereich stellenweise natürliche Pflanzengemeinschaften. Mehr und mehr wandern sie auch in die Garrigue ein, wo schwachwüchsige Pflanzenarten wie Orchideen ihnen weichen müssen. Keine Chance für andere Pflanzen lässt auch das Spanische Rohr, eine Schilfart, dort, wo sie einmal in den Torrenten und Feuchtgebieten der Insel Fuß gefasst hat.

Auch unter den heute dauerhaft auf Mallorca lebenden Tierarten sind viele nicht heimisch. So gibt es beispielsweise 85 nicht-heimische Vogelarten, und keines der Säugetiere (mit Ausnahme der Fledermäuse) ist ein echter Ureinwohner der Insel. Allerdings liegt ihre Einwanderung, so z. B. von Ratten, Katzen und Mäusen, schon so lange zurück, dass sie nicht mehr als Neubürger (Neozoen) angesprochen werden können. Diese Bezeichnung ist jenen Ankömmlingen vorbehalten, die erst nach der Entdeckung Amerikas aus ihren ursprünglichen Heimatgebieten in für sie neue Erdräume gelangt sind. Auch Vertreter anderer Tiergruppen wie die Vipernatter sind bereits in historischer Zeit auf die Insel gelangt.

Die Lebens- und Überlebensgeschichte des Ferreret und die Rolle der Vipernatter dabei zeigen, wie stark die heimische Flora und Fauna durch gebietsfremde Arten Schaden nehmen können. Warnendes Beispiel hierfür sind auch die Ratten, die im Lauf der Zeit von Mallorca aus bis auf die vorgelagerten Inseln Sa Dragonera, Malgrats und Des Conills gelangten. Nur noch hier und auf den winzigen Inselchen Del Torro, Na Guàrdia, Na Moltona und Es Colomer lebt die Balearen-Eidechse (*Podarcis lilfordi*). Auf Mallorca und Menorca wurde die endemische Art von Katzen, Mardern, Wieseln und

Balearen-Eidechse (*Podarcis lilfordi*)

Schlangen, die im Gefolge des Menschen hier auftauchten, in kurzer Zeit ausgerottet. Zuvor gab es in der über 5 Mio. Jahre andauernden Evolution auf der Insel keine natürlichen Feinde für sie. Da ein genetischer Austausch zwischen den Populationen der vorgelagerten Inseln nicht stattfinden konnte, haben sich hier eigene Unterarten entwickelt, die sich in Größe, Färbung, Zeichnung und Verhaltensweisen sehr voneinander unterscheiden. Die Ankunft der Ratten drohte auch hier für einen Verlust in der Artenvielfalt zu sorgen. Eine gerade noch rechtzeitige Bekämpfung der Ratten sorgte dafür, dass auf den kleineren Inseln, wo zuvor 50 Nager je Hektar lebten, es nun keine Nachweise mehr gibt. Auf der „größeren" Insel Sa Dragonera erbrachten die Bekämpfungsmaßnahmen nur eine Reduktion auf 33 Ratten je Hektar. Allerdings ist die Population der Balearen-Eidechse hier mit 5000 Individuen auf einem Hektar sehr groß und stabil. Sie sind hier überall präsent und zeigen nur wenig Scheu vor dem Menschen. Sa Dragonera, die von Port Andratx aus leicht auf einer Ausflugsfahrt mit dem Boot zu erreichen ist, ist daher ein geeigneter Ort für Beobachtungs- und Fotostudien der Balearen-Eidechse.

Diese Beispiele vor Augen, werden echte Neubürger vor allem unter den Tier-, aber auch unter den Pflanzenarten zum Schutz der Biodiversität Mallorcas von der Umweltbehörde sehr gut beobachtet.

Mittagsblumen – gefährliche Schönheiten

In den Küstengebieten bereiten die Essbare Mittagsblume (*Carpobrotus edulis*), auch Hottentottenfeige genannt, und die Rote Mittagsblume (*Carpobrotus acinaciformis*) große Probleme. Ihr natürliches Verbreitungsgebiet ist Südafrika, wo sie auf sandigen und felsigen Substraten wachsen. Aufgrund ihrer Blütenfülle und intensiven Blütenfarbe in sanft hellgelben bzw. in strahlend magenta-pink wurden sie als Dekorpflanzen eingeführt und erfreuten sich in den privaten Gärten der Insel großer Beliebtheit. Von dort wilderten sie sehr rasch aus und drangen in die schutzwürdigen und schutzbedürftigen Dünenbereiche und Felsküsten der Insel ein, wo sie binnen kürzester Zeit große Flächen zuwuchern. Beide Arten bilden in ihren Früchten hunderte von Samen, die von Tieren über größere Distanzen verbreitet werden. Einmal im Boden verankert, vermehren und verbreiten sie sich auch mit vegetativen Ausläufern. Allein mit Hilfe dieser klonalen Ausbreitung gewinnt jede einzelne Pflanze pro Jahr 40 cm Terrain und verdrängt blitzschnell die langsamwüchsigen heimischen Pflanzenarten, darunter auch seltene und endemische. Selbst einjährige Arten finden in den dichten Teppichen keine

Bunter Einwanderer aus Südafrika – Hottentottenfeige (*Carpobrotus acinaciformis*)

Keimmöglichkeiten mehr. Überdies haben die auffälligen Blüten der Invasoren große Anziehungskraft auf Insekten, sodass die heimischen Arten auch deutlich weniger bestäubt werden. Obwohl die Farbteppiche der Mittagsblumen während ihrer Blütezeit im Frühjahr (Essbare Mittagsblume) und von August bis Oktober (Rote Mittagsblume) vor dem blassen Hintergrund der Dünen und Felsküsten wunderschön anzusehen sind, werden sie natürlich aktiv und intensiv bekämpft. Wie es scheint, haben die Mittagsblumen aber die besseren Trümpfe in der Hand und zu allem Überfluss auch die Urlauber und das Meer auf ihrer Seite. Viele erliegen dem Charme der Mittagsblumen und der Versuchung, Sträuße oder einzelne Zweige davon zu pflücken. Wenn diese Sträuße verwelken, landen sie unbedacht auf dem Abfall oder in der Natur. Dort verwurzeln sich die völlig anspruchslosen Sprosse sofort wieder, und eine neue Kolonie der Invasoren entsteht. Ähnlich agiert das Meer, wenn die Flut Pflanzen und Pflanzenteile abreißt, davonträgt und andernorts wieder anlandet.

Sie können auf Ihrer Mallorcareise zum willkommenen Artenschützer für die bedrohte seltene und endemische Pflanzenwelt der mallorquinischen Küste werden, wenn Sie dafür sorgen, dass keine lebenden Pflanzenteile durch Sie Verbreitung finden. Pflücken, am besten mit Wurzel, ist ausdrücklich erwünscht – bei entsprechender nachträglicher Entsorgung! Die etwas weniger spektakulären heimischen Schönheiten werden es Ihnen danken.

Schmelztiegel Mallorca: Nasenbären aus Südamerika, Vögel aus Afrika und Asien

Die vom Umweltministerium erstellte Liste invasiver Tierarten auf Mallorca umfasst bislang 13 Einträge. Nahezu alle diese Arten wurden absichtlich vom Menschen, meist als Haustiere, erworben und später mangels Interesse einfach in der freien Landschaft ausgesetzt. Die Arten, die dort überleben, erweisen sich als äußerst konkurrenzstark und bedrohen auf vielfältige Weise heimische Tier- und Pflanzenarten. Die extrem hohe Einführungsrate von gebietsfremden Arten steht bei den Ursachen für die Gefährdung der mallorquinischen Flora und Fauna an zweiter Stelle, direkt hinter der Lebensraumzerstörung durch Baumaßnahmen. Wer hätte vor einer entsprechenden Studie vermutet, dass in der Zeit von 2001 bis 2006 jährlich zwischen neun (2004) und 18 (2005) eingeführte Tierarten neu in die freie Wildbahn der Insel gelangen? Insgesamt 78 neue Arten in nur fünf Jahren, über 50 % davon sind Vögel, knapp 30 % Reptilien und fast 20 % Säugetiere

(Álvarez o. J.). Nicht alle Arten der Liste erweisen sich als gleichermaßen invasiv. Sehr stark in der Ausbreitung begriffen ist z. B. die Hufeisennatter auf den trockenen, felsigen und spärlich bewachsenen Garrigueflächen im Gebiet von Artà und Cadepera. Sie steht im Verdacht, sich bestandsgefährdend für kleinere Vogelarten auszuwirken. Außerdem gilt sie als leicht reizbar und bissig. Viel größere Sorgen bereitet aus der Gruppe der Reptilien aber die aus Florida stammende Rotwangen-Schmuckschildkröte. Als eine der ausgesetzten Haustierarten tummelt sie sich mittlerweile in großer Zahl in den Feuchtgebieten der Insel. Es gelang ihr auch, in das Schutzgebiet von S'Albufera einzuwandern, wo sie die heimische Wasserschildkrötenart verdrängt und zur Bedrohung der Fischbestände und damit der Nahrungsgrundlage für die Vogelfauna wurde. Spektakuläre Neubürger unter den Vögeln sind hinsichtlich ihres Aussehens, ihrer Herkunft und ihres oft massenhaften Auftretens die Afrikanischen Halsbandsittiche, die aus dem südlichen Afrika stammenden Prachtfinken (Wellenastrilden) und Rotschulter-Glanzstare, der Mönchssittich – eine aus Südamerika stammende Papageienart – und der aus dem südlichen Asien (Afghanistan, Indien) angelangte Hirtenstar. Sie alle haben ohne Probleme Teile des Luftraumes über Mallorca für sich erobert, und dort, wo sie auftreten, halten sie heimische Vogelarten von Futter- und Brutplätzen fern. Die Mönchssittiche sind aus nächster Nähe am Strand von Santa Ponça zu beobachten. In den Kiefern haben sie riesige Gemeinschaftsnester gebildet, die sie zu hunderten bewohnen. Es ist unmöglich, sie nicht zu finden. Vertrauen Sie einfach auf ihr Gehör!

Das größte Kopfzerbrechen im Kampf um den Schutz von Mallorcas originärer Flora und Fauna bereiten aber zwei Repräsentanten der Säugetierfauna. Es handelt sich zum einen um den aus Nordamerika stammenden Waschbären, von dem einige (noch) wenige Exemplare in den Waldgebieten der Serra de Tramuntana bei Sóller und Bunyola gesichtet wurden. Vor allem aber handelt es sich um den im gleichen Gebiet, aber offensichtlich in stattlicher Zahl vorkommenden Südamerikanischen Nasenbären. Aus einer modischen Laune heraus konnten Jungtiere vor einigen Jahren als beliebte Haustiere im Internet für ca. 600 Euro erworben werden. Die erwachsenen Tiere wurden dann nicht selten von ihren Besitzern ausgesetzt oder entkamen der Gefangenschaft. Sie erwiesen sich als ausgesprochen anpassungsfähig und lebenstüchtig. Ohne natürliche Feinde nahm ihre Population rasch zu. Obwohl sie zur Jagd freigegeben wurden, finden sie in dem unzugänglichen Gebirgsgelände ausreichend Rückzugsmöglichkeiten, sodass Schätzungen von einer ungehinderten Bestandsvergrößerung ausgehen. Was ihren Lebensraum angeht, sind Nasenbären nicht wählerisch, sodass ihre Ausbreitung nicht auf Waldgebiete beschränkt bleiben wird. Der neue, stets hungrige

Allesfresser wird als dramatische Gefahrenquelle für die Artenvielfalt der Pflanzen- und Tierwelt Mallorcas eingeschätzt. Genaue Erkenntnisse hierzu gibt es aufgrund der erst kurzen Zeit, die seit seiner Ankunft vergangen ist, noch nicht. Wenn aber schon die Argentinische Ameise, die in den 1950er Jahren nach Sóller einschleppt wurde, in der Lage war, dort, wo sie sich angesiedelt hat, alle lokalen Ameisenarten und eine Vielzahl anderer wirbelloser Tierarten zu eliminieren, dann lässt der Nasenbär für die Inselwelt nichts Gutes erwarten.

6 Mallorca, die Tourismusinsel

Die historische Prägung der Inselwelt durch den Menschen

Die Umweltbedingungen Mallorcas werden von drei wesentlichen Aspekten bestimmt, die von Beginn an bis heute die Lebensbedingungen der Menschen prägen: die Dualität von Meer und Gebirge, die Nutzung des Meeres hauptsächlich als Verkehrs- und Handelsweg und die Mischung von Kulturen.

Aus den Anfängen der Inbesitznahme und Besiedlung der Insel durch den Menschen (3000 v. Chr. bis 123 v. Chr.) sind nur noch einige wenige Ortsbezeichnungen und ein kleines archäologisches Erbe übrig geblieben. Die Eingliederung Mallorcas in das Römische Reich (123 v. Chr.) brachte zum einen die Umgestaltung des Inselinneren zu einem Zentrum für Getreidewirtschaft. Dazu gehörte auch die Einrichtung herrschaftlicher Landgüter, kleiner Marktflecken und Siedlungen für die Menschen, die Landwirtschaft betrieben. Zum anderen führte sie zur Gründung der beiden ersten Häfen und Städte, Pollentia (heutiges Alcúdia) im Nordosten und Palma im Südwesten. Sie waren die Kontaktstellen, über die die Insel mit dem übrigen Imperium im Mittelmeergebiet vernetzt wurde. Sie bildeten aber auch die Achse, an der sich die Siedlungsentwicklung im zentralen Teil der Insel orientierte. Das arabische Mayurca (ab 902) erlebte im Inselinneren die Veränderung der römischen Landnutzungsstruktur. Die neuen Herrscher führten die Weidewirtschaft sowie den auf Export ausgerichteten Olivenanbau in den Höhenlagen ein und legten große Gemüse- und Obstgärten an. Ihre Siedlungen bildeten ein im Inselraum verstreutes Muster. Auch konzentrierte sich ihr Interesse nicht mehr auf den Nordosten der Insel. Vor allem aus geopolitischen Gründen, d. h. aufgrund ihrer anfänglichen Zugehörigkeit zum Kalifat von Córdoba und später zum Königreich von Denia, aber auch aus Gründen der Wasserversorgung, wählten sie allein Palma zum Sitz und Ausgangspunkt ihrer Herrschaft. Die Madîna (= Stadt) Mayurca, wie sie Palma nannten, sollte bis zum Ende ihrer Führung geschätzte 31 500 Einwohner auf 90 ha beherbergen.

Valldemossa – Maurische Gründung in der Serra de Tramuntana

Zeugen der Talaiot-Kultur: Ses Païsses

Mit der Übernahme von Insel und Stadt durch die christlich-katalanischen Eroberer (1229) wurden Name und Funktion Palmas beibehalten: Die Madîna Mayurca wurde in der direkten Übersetzung zur Ciutat de Mallorca und zur Hauptstadt des gleichnamigen Königreiches. Sie blieb das Tor der Insel zu ihren Handelspartnern im Mittelmeerraum, von denen es nun mehr denn je gab. Das Inselinnere wurde wie Kriegsbeute in Großgrundbesitze und unter den Führern des Eroberungsfeldzuges aufgeteilt. Zahlreiche christliche Gemeinden gründeten sich. Später, unter dem alleinherrschenden Jaume II. (1300) wurde es zum Schauplatz einer initialen Raumordnung. Für etwa 8 400 Siedler wurden insgesamt 14 am Reißbrett geplante „königliche Dörfer“ mit rechtwinkliger Straßenführung neu errichtet (z. B. Sa Pobla) bzw. aus alten arabischen Ortskernen entwickelt (z. B. Llucmajor). Für diese gezielte Bevölkerungskonzentration auf etwa 152 km^2 bislang unbewohntem Gebiet gab es zwei Gründe: Jaume II. wollte sicherstellen, dass seine königlichen Ländereien zwecks höherer Rendite landwirtschaftlich intensiv genug bewirtschaftet wurden und dass keine Engpässe in der Versorgung der Hauptstadt mit Getreide auftraten. Die Kargheit vieler Böden und die im Mittelmeerklima typischerweise immer wieder ausbleibenden Niederschläge führten zu häufigen Krisen in der Selbstversorgung der Insel. In der fortgeschrittenen Neuzeit versuchte man, diesen Krisen durch Anleihen von außen Herr zu werden. Sie wurden meistens durch die Hilfe katalanischer Kaufleute und durch den Export von Olivenöl aufgenommen. Auf diese Weise hatten sich bis zum 16. Jh. auf Mallorca all die Elemente zusammengefügt, welche die Raumordnung und das Erscheinungsbild der Insel bis weit in das 20. Jh. hinein prägen würden. Der Küstenraum spielte dabei kaum eine Rolle, war an nur sehr wenigen Stellen (z. B. Palma, Sóller) besiedelt oder entwickelt. Mit der Eingliederung Mallorcas in die bourbonische Monarchie Spaniens (1715) ging seine politische Eigenständigkeit verloren. Gleichzeitig aber wurde Palma zur Hauptstadt der gesamten Balearen und zum Geld- und Machtzentrum. Seiner Zugehörigkeit zur spanischen Krone verdankte Mallorca nun auch die Möglichkeit, am Handel mit dem amerikanischen Kontinent teilzuhaben. Mallorca trat in die Moderne ein. Die Öffnung der neuen Märkte führte zu tiefgreifenden Veränderungen der ländlichen Region im zentralen Teil der Insel. Die Landwirtschaft richtete sich nun nicht mehr überwiegend auf die Eigenversorgung aus, sondern orientierte sich mit dem Anbau von Mandeln, Aprikosen, Johannesbrotbaum und Wein zunehmend auch am Export. Mit den dabei erwirtschafteten Geldmitteln ging eine zweite Modernisierungswelle über die Insel. Aus den bescheidenen, in Zünften organisierten und auf den Inselbedarf spezialisierten Handwerksbetrieben gingen in den Dörfern im Inneren markt- und exportorientierte Textil-, Leder- und Schuhfabriken hervor (z. B. Inca, Llucmajor).

Die Weltwirtschaftsstrukturen befanden sich im 19. Jh. mit der industriellen Revolution und dem entstehenden Kapitalismus in einer tiefgreifenden Erneuerung. In dem Jahr (1837), in dem der Inselraum seine Isolation durch die Aufnahme des ersten Linienschiffverkehrs zwischen Palma und Spanien (Barcelona) aufgab, wurde Mallorca unwiderruflich Teil von Wachstums-, Modernisierungs- und Internationalisierungsprozessen.

Mallorcas Weg in die Moderne

Fremdenverkehr – eine neue Geschäftsidee macht Furore

Das 19. Jh. bedeutete für Mallorca die Entstehung eines Images und seiner internationalen, zumindest europäischen Verbreitung. Das allererste Image entwarf André Grasset de Saint-Saveur, ein Bevollmächtigter Napoleons, der als Ergebnis seines mehrjährigen Aufenthaltes im Jahr 1807 das Buch *Reise auf die Balearen und Pithiusen* veröffentlichte. Das Bild, das er darin von Mallorca zeichnet, ist exotisch und archaisch zugleich. Nachdem der regelmäßige Schiffsverkehr die Barriere zwischen der Insel und dem europäischen Festland niedergerissen hatte, wurde sie dank dieser Beschreibung zum beliebten Reiseziel von Künstlern, Berühmtheiten, Adligen und Reichen. Viele von ihnen, wie George Sand, der österreichische Erzherzog Ludwig Salvador von Habsburg und Charles Toll Bidwell, Mitglied der London Royal Geographical Society, verfeinerten, verewigten und verbreiteten in ihren Schriften den Mythos Mallorca und zogen immer mehr Reisende an. So verwundert es auch gar nicht, dass gegen Ende des 19. Jh.s in einem Teil der herrschenden Elite Mallorcas die Idee heranreifte, aus den Besuchen der Europäer wirtschaftlichen Gewinn zu ziehen. Die Artikel des Mallorquiners Miguel dels Sants Oliver – Journalist, Schriftsteller und erster Chef der Zeitung *La Vanguardia* in Barcelona – katapultierten die Geschäftsidee mit dem Fremdenverkehr auf Erfolgskurs. 1901 eröffneten Vertreter der Industrie und des Inseladels gemeinsam das erste Hotel Palmas, das vom katalanischen Jugendstilarchitekten und Gaudí-Schüler Domenech i Montaner entworfene „Gran Hotel" an der Plaza Weyler 3. Es ist heute Sitz der Fundación Caixa, die das Hotel, nachdem es 1975 seine Pforten für immer schließen musste, erwarb und ihm eine umfassende Renovierung angedeihen ließ, nach der es in das Weltkulturerbe der UNESCO aufgenommen wurde. Nur vier Jahre nach der Hoteleinweihung gründete sich unter Beteiligung der mallorquinischen Wirtschaftselite die Fördergemeinschaft des Tourismus auf Mallorca (Fomento del Turismo de Mallorca), die als grundlegende Ziele in ihren Statuten festschrieb, mit der Entwicklung des Tourismus zur Modernisierung der Insel beitragen zu wollen. Der kometenhafte Aufstieg des Tourismus, der bis in die Jetztzeit anhielt, nahm seinen (schwierigen) Anfang. Reisebüros in Palma entstanden. Sehr schnell errichtete der Verein weitere Hotels zwischen der Stadt und El Terreno, dem damals noch außerhalb gelegenen Sommerfrischeviertel der mallorquinischen Oberschicht. Sogar im äußersten Nordosten der Insel begannen sie mit ersten Urbanisationen. Nationale und internationale Krisen wie die beiden Weltkriege, der Spanische Bürgerkrieg und der Börsenkrach von 1929 behinderten die Entwicklung des Tourismus beträchtlich. Trotzdem wurden die Bestrebungen einer noch engeren räumlichen Anbindung an Europa fieberhaft fortgeführt. Schon 1916, mitten in den Wirren des Ersten Weltkrieges, wurde mit Wasserflugzeugen der Luftverkehr zwischen Palma und Barcelona aufgenommen, bis er 1935 von Flügen der spanischen Postluftlinie (LAPE) auf der Route Palma–Valencia–Madrid abgelöst wurde. In den 1920er und 1930er Jahren entstand die erste zivile Pilotenschule und die Compania de Aerotaxi de Mallorca (Lufttaxigesellschaft von Mallorca). Die Anstrengungen brachten den erhofften Erfolg. Die Touristenzahlen stiegen im ersten Jahrfünft der 1930er Jahre von 36 159 (1930) auf 90 408 (1935) (Artigues 2006). Trotz der vorhandenen 40 000 Hotelplätze (1935) wurden erste touristische Bauprojekte für die Bucht von Palma erarbeitet (z. B. Portals Nous), ebenso für die Bucht von Alcúdia (z. B. Can Picafort) und die Küste des Llevant (sehr konzentriert in der Gemeinde Capdepera, aber auch in Manacor). Der Spanische Bürgerkrieg setzte diesem Höhenflug ein drastisches, lang andauerndes Ende. Eine in den 1940er Jahren von der Fördergemeinschaft Tourismus groß angelegte Werbekampagne auf dem spanischen Binnenmarkt, die Mallorca als ideales Flitterwochenziel anpries, brachte in der zweiten Hälfte zumindest einige spanische Urlauber wieder auf die Insel. Das Hotelangebot in jener Zeit war jedoch spärlich und von niedriger Qualität. Nicht mehr als 14 Hotels und 48 Pensionen gab es 1947 in Palma.

Gran Hotel in Palma

Der Tourismus – aus den Kinderschuhen auf die Überholspur

In den 1950er Jahren änderten sich die politischen, wirtschaftlichen und sozialen Rahmenbedingungen in Spanien und Europa. Diese Veränderungen stellten die Weichen für den erneuten Zustrom von Touristen nach Mallorca, der ungeahnte Ausmaße erreichen sollte. Die wichtigsten Impulsgeber waren:

- die Aufhebung des politischen und wirtschaftlichen Embargos der UNO gegen das faschistische Spanien (1950),
- die Einrichtung des spanischen Tourismusministeriums (1951),
- der Wegfall des Visumzwanges für Spanien (1959),
- der zunehmende Wohlstand in den westeuropäischen Herkunftsländern, mit dem auch die Festsetzung des Rechtes auf bezahlten Urlaub einherging, und
- die Gründung der ersten Charterfluglinien (1956).

Die Aufnahme des Charterflugverkehrs hob die Isolation der Insel, die dem Zentrum Europas ohnehin viel näher liegt als die meisten anderen Mittelmeerinseln, gänzlich auf. Tiefstpreise für Grundstücke sowie niedrige Lebenshaltungs- und Lohnkosten, die billige Urlaubsangebote ermöglichen, waren in jener Zeit mit Ausnahme von Teilen Frankreichs und Italiens auch allen anderen Mittelmeerregionen eigen.

Die kurze Flugzeit und dadurch niedrigen Flugpreise aber waren das entscheidende Alleinstellungsmerkmal Mallorcas. Sie verschafften der Insel das Privileg von pauschalen Billigstangeboten, die lange Zeit weit unter dem Angebot der Urlaubskonkurrenz im Mittelmeergebiet blieben. Außerdem hatte Mallorca, das sein touristisches Potenzial sehr früh erkannte und zu nutzen wusste, sich bereits in den Vorkriegsjahren eine gewisse Bekanntheit als Urlaubsgebiet erarbeitet. Auch ein Quäntchen Glück fehlte bei der touristischen Vermarktung und Erschließung nicht. Das Bestreben der spanischen Zentralregierung, Devisen zur Industrialisierung des Landes zu erhalten, verhalf der Insel zur umfangreichen stattlichen Förderung ihres Tourismus. Günstige staatliche Kredite bei der Baulandförderung, der Ausbau der Infrastruktur und unterstützende Werbemaßnahmen durch den spanischen Staat halfen frühzeitig, den Weg Mallorcas zum meistbesuchten Badeurlaubsgebiet Europas zu ebnen. Mallorca hatte aber nicht nur einen wichtigen finanziellen und zeitlichen Wettbewerbsvorsprung, sondern durch den regen und flexiblen Unternehmergeist der einheimischen Geschäftsleute auch einen qualitativen Konkurrenzvorteil gegenüber anderen Sommerurlaubsgebieten im Mittelmeer: Sie schnitten ihr touristisches Angebot auf die Ess- und Lebensgewohnheiten in den Herkunftsländern ihrer Urlauber (Großbritannien, Skandinavien, Deutschland) zu. Sie schufen damit eine von sehr vielen Urlaubern geschätzte „koloniale" Urlaubsatmosphäre, in der die Insel als vertrautes Abbild ihres Heimatlandes und seiner Sitten erschien. Diese Möglichkeit, die landschaftlichen und klimatischen Vorzüge eines anderen Kulturraumes zu genießen, ohne die Notwendigkeit einer irgendwie gearteten Umstellung, entsprach damals dem allgemeinen Zeitgeist und traf die idealen Urlaubsvorstellungen einer Vielzahl der Mittel- und Nordeuropäer. In der Aufbruchsphase der europäischen Reiselust war Mallorca nahezu konkurrenzlos gut aufgestellt, sodass bereits 1950 mit 98 081 Touristen der vorkriegszeitliche Urlauberrekord eingestellt werden konnte. Fünf Jahre später hatte sich ihre Zahl (188 704) bereits verdoppelt, und am Ende des Jahrzehnts (1959) genossen 321 222 Menschen ihren Urlaub auf der Insel. Diese Entwicklung hielt man damals für einen Rekord. Der Tourismus war seinen Kinderschuhen entwachsen und befand sich auf der Überholspur. Der Rückblick auf die Gesamtentwicklung entlarvt diese Zeit aber nur als Initialphase des Tourismus. Die Kernzone der touristischen Entwicklung, die Playa de Palma, konnte am Ende der 1950er Jahre noch nicht mehr als 93 Hotels und 86 Pensionen vorweisen. Das sollte sich sehr schnell ändern.

Boomphasen und Krisen des Tourismus

Das Tourismusgewerbe entwickelte eine ungeheure Eigendynamik und einen ebensolchen Aufschwung. Durch kurzzeitige Unterbrechungen in verschiedene Schubphasen gegliedert, hielt er bis zur Finanzkrise 2008 an (vgl. Abb. S. 160).

1960 bis 1972: der erste touristische Boom In dieser Zeit stieg die Zahl der Urlauber von ca. 360 000 um das Achtfache auf etwa 2,8 Mio. Die starke Nachfrage führte zu einem chaotischen Bauboom, der in nur 13 Jahren mehr als 140 000 Hotelbetten und über 100 000 neue Arbeitsplätze, meist im tertiären Sektor, entstehen ließ. Aus dem ehemals „wertlosen" Küstenstreifen wurde das Wirtschaftszentrum der Insel. In weniger als anderthalb Jahrzehnten vollzog sich die Umwandlung der traditionellen agrarorientierten Gesellschaft in eine moderne Dienstleistungsgesellschaft mit einer hochgradig spezialisierten und einseitigen Ökonomie.

1973 bis 1980: Phase des Einschnittes und der Neuorientierung In den 1970er Jahren wurde die prosperierende Entwicklung durch die wirtschaftliche Krise der Industrienationen (Ölkrise, 1973) kurzzeitig unterbrochen. Sie traf den Inseltourismus direkt und versetzte auch der übrigen Wirtschaft,

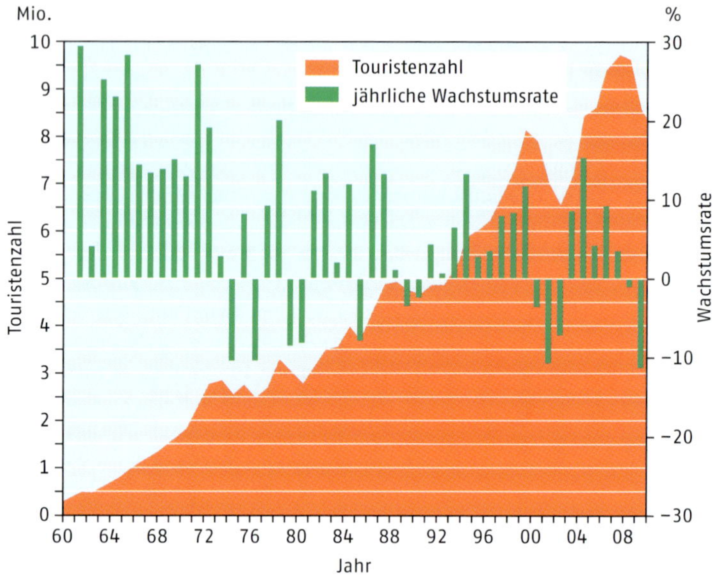

Entwicklung der Touristenzahl

allen voran dem Bausektor, einen deutlichen Rückschlag. Erstmals wurde die Abhängigkeit und Verwundbarkeit der mallorquinischen Wirtschaft sichtbar, die fast ausschließlich auf dem Tourismus fußt. Neben ersten gesetzlichen Bestrebungen zur Verbesserung der Hotelqualität setzten die Mallorquiner in weiser Voraussicht auf den Bau von Apartmentanlagen als eine der kostengünstigsten Urlaubsformen. Und sie behielten Recht: In der gegen Ende der 1970er Jahre wieder verstärkt einsetzenden touristischen Nachfrage war der Urlaub in Apartmentanlagen sehr begehrt.

1981 bis 1987: der zweite touristische Boom Anfang der 1980er Jahre setzte die zweite Boomphase des Tourismus auf der Insel ein, mit einer Verdopplung der Urlauberzahlen auf bis zu 5 Mio. im Jahr 1988. Zu verdanken war dieser rasante Zugewinn maßgeblich der Einführung des Apartmenturlaubs und damit der weiteren Ausrichtung des Tourismuskonzeptes auf bescheidenere Einkommensverhältnisse. Eine sehr breite Bevölkerungsschicht konnte sich nun dank Mallorca den Traum vom Sommerurlaub am Mittelmeer erfüllen. Die Ausgaben der Urlauber auf der Insel nahmen in diesem Zeitraum im Vergleich zu den 1970er Jahren ab, sodass die Gewinnsteigerung im Tourismusgewerbe allein durch das enorme Plus an Gästen erreicht wurde.

1988 bis 1990: Mallorca in der Tourismuskrise Die Inflation in den europäischen Industrienationen Ende der 1980er Jahre und die wachsende Stärke der spanischen Währung sorgten für ein beträchtlich angestiegenes Preisniveau auf Mallorca. Gleichzeitig konnten mittlerweile entstandene Konkurrenzgebiete (Türkei, Karibik) das „Mallorca-Modell" imitieren und zu günstigeren Preisen anbieten. Die Folge war ein tiefer Einschnitt in die touristische Konjunktur Mallorcas und ein drastischer Sturz seiner Wirtschaftsbilanz. Angst um die Zukunft kamen im Tourismus- und Wirtschaftsmanagement der Insel auf. Die zwischenzeitlich gewachsene Umweltsensibilisierung und zunehmende Bedeutung des Reisemotivs „Naturerlebnis" unter den Mallorcaurlaubern war den Verantwortlichen nicht entgangen. Unter dem Eindruck der Wirtschaftskrise auf der Insel beschloss die Tourismuspolitik eine Abkehr vom preisgünstigen Massentourismus und die Etablierung eines gehobenen Qualitätstourismus und brachten entsprechende Gesetze auf den Weg.

1991 bis 1999: der dritte touristische Boom Doch der Reformprozess mit der angestrebten Begrenzung des touristischen Wachstums wurde vom aktuellen Zeitgeschehen eingeholt und förmlich überrollt. Konkurrenzgebiete im östlichen Mittelmeer brachen durch politische Krisen weg (Golfkrise, Jugoslawienkonflikt, Attentate in der Türkei). Vor allem aber führte der gerade neu entstandene Markt der neuen deutschen Bundesländer seit 1991 zu einer Zunahme der Urlauberzahlen von bis zu 13 % jährlich. Etwa 100 000 Urlauber kamen 1991 aus den ostdeutschen Bundesländern nach Mallorca. Seither stellen die deutschen Urlauber die größte Nationalitätengruppe auf der Insel dar. Mit ungefähr 100 000 Gästen aus Tschechien, Ungarn, Polen und Russland zeichneten sich 1996 erste Erfolge auch auf dem osteuropäischen Markt ab. Im Jahr 1999 wurde mit 8,2 Mio. Touristen, was dem Zwölffachen der Einwohnerzahl Mallorcas entspricht, der Spitzenwert dieses Jahrzehnts erreicht.

Seit 2000: vom absoluten Urlauberrekord in die Krise Das vergangene Jahrzehnt war von einem Auf und Ab in der Zahl der Urlauber gekennzeichnet. Die schlechte und verzerrende Presse, die Mallorca ungerechtfertigter Weise für die längst überfällige Einführung einer (geringfügigen) Ökosteuer pro Urlauber und Tag in Deutschland erhielt, war maßgeblich mit Schuld an einem vorübergehenden Rückgang der Touristen in den Jahren 2000

(–3,5 %) und 2001 (–12 %). Gleichzeitig hat Mallorca sein Monopol auf preisliche Attraktivität scheinbar endgültig verloren. Billigere Urlaubsalternativen in Bulgarien, Kroatien und der Türkei sind eine ernstzunehmende Konkurrenz für die Insel geworden. Trotzdem gelang es Mallorca aufgrund seiner Schönheit und Vielgestaltigkeit in Landschaft und Urlaubsangebot, auch in diesem Jahrzehnt einen neuen absoluten Rekord in der Zahl seiner Gäste zu erzielen. 2007 zog es 9,7 Mio. Urlauber in seinen Bann (CITTIB 2008). In der 2008 ausgelösten weltweiten Wirtschaftskrise bekommt Mallorca einmal mehr deutlich zu spüren, dass seine Konjunktur direkt an das wirtschaftliche Wohlergehen breiter Schichten in den europäischen Herkunftsländern seiner Urlauber gekoppelt ist. Es bleibt abzuwarten, ob und wie die Insel die tiefe Krise, in die das Tourismusgewerbe und komplementäre Gewerbe wie der Bausektor im Jahr 2009 gerutscht sind, im nächsten Jahrzehnt überwinden kann.

Tourismus als Motor von wirtschaftlichem und gesellschaftlichem Wandel

Die Urlauberwellen, die Mallorca Anfang der 1960er Jahre zu überfluten begannen, machten aus der Insel das Pionierziel des sog. Massentourismus und veränderten die Inselgesellschaft tiefgreifend und nachhaltig. Die zuvor von hohen Abwanderungsraten ihrer Bevölkerung betroffene Insel wurde gewissermaßen über Nacht zum Einwanderungsgebiet für Arbeitskräfte aus Süd- und Zentralspanien. Zu Beginn der 1990er Jahre bestand die Bevölkerung zu einem Viertel aus diesen Einwanderern, die mangels Sprachkenntnissen vielfach kaum in die katalanischsprachige Gesellschaft integriert waren. Auch inselintern hat der Tourismus zu einer Umstrukturierung und Neuordnung der Bevölkerungsverteilung und -dichte geführt. Er löste eine ausgeprägte Landflucht in die Hauptstadt und die Tourismusgemeinden der Küste, vor allem der Süd- und Ostküste, aus und machte sie zu den Konzentrationspunkten der Bevölkerung, des wirtschaftlichen und sozialen Lebens. Plötzlich entstand eine Konkurrenz um Arbeitskräfte und Investitionskapital zwischen dem neuen mächtigen Wirtschaftsfaktor Tourismus und der Landwirtschaft als traditionell bedeutsamem Wirtschaftsfaktor. Der Kampf ging überlegen zugunsten des Tourismus aus, der die Landwirtschaft zum Weichen verurteilte. Während in den 1950er Jahren noch über 40 % der Beschäftigten im Agrarsektor arbeiteten, waren es 1990 nur noch 3,7 %. Besonders von der Aufgabe betroffen waren der traditionelle Trockenfeldbau mit Getreide und Fruchtbaumkulturen im mallorquinischen Flachland und die subsistenzorientierte Landwirtschaft in der Serra de Tramuntana und im Bergland von Artà. Etwa zeitgleich stieg der Anteil der Erwerbstätigen im Dienstleistungssektor von schon beachtlichen 30 % (1950) auf 85 % (1995). Parallel wuchs auch der Anteil des tertiären Sektors am Bruttoinlandsprodukt der Balearen, an dem Mallorca den Löwenanteil hat, von 47,3 (1955) auf 83,5 % (2009). 45 % davon werden direkt im Tourismus (Hotel- und Gaststättengewerbe) erwirtschaftet. Es vollzog sich ein fundamentaler Wandel von einer traditionell ländlichen Gesellschaft zu einer modernen, wohlhabenden städtischen Dienstleistungsgesellschaft, von einer weitgehend auf Autarkie gerichteten Wirtschaft zu einer hoch spezialisierten, einseitig abhängigen Ökonomie.

Das pro Kopf erwirtschaftete Bruttoinlandprodukt liegt über dem spanischen Durchschnitt an fünfter Stelle des Landes! Der damit belegte hohe Lebensstandard auf den Balearen, insbesondere auf Mallorca, ist dem Tourismus als alles beherrschendem Wirtschaftszweig zu verdanken. Sozioökonomisch betrachtet haben 15 Jahre „Massentourismus" Mallorca stärker verändert als viele Jahrhunderte der Geschichte zuvor.

Wenn in Tourismuskreisen die Angst umgeht: verständliche Panik und ihre Folgen

Die riesige, stets wachsende Schar der von Mallorca begeisterten Badeurlauber löste zu Beginn der 1960er Jahre einen unkontrollierten Bauboom aus. In immens großer Zahl und Dichte wurden im Bereich großer, flacher Sandstrände Hotelbauten aus dem Boden gestampft, zunächst noch in der Bucht von Palma. In den 1970er und 1980er Jahren dehnte sich der Prozess dann auf nahezu die gesamte Küstenlinie mit deutlich erkennbaren Hochburgen aus. Jedes Tourismusunternehmen – ob privat oder internationaler Konzern – baute, wo und wie es wollte, völlig ohne behördliche Planung. Zu keiner Zeit wurde die wirtschaftliche Notwendigkeit oder gar die Umweltverträglichkeit der „explodierenden" touristischen Infrastruktur überprüft. Der touristische Wildwuchs verschlang in den Küstenregionen unwiederbringlich einen großen Teil ihrer Naturlandschaften, typischen Lebensräume und Arten. Betonburgen und enge Steinschluchten säumen in weiten Bereichen die Sandküsten. Sie sind sichtbarer Ausdruck einer radikalen Landschaftszerstörung, die in der spanischen Fachliteratur als „Balearisierung" traurige Berühmtheit erlangt hat und mit etwas mehr Planungs- und Gestaltungswille sicher hätte vermieden werden können. Fortgesetzte, auf Superbilligangebote ausgerichtete Fehlentwicklungen in der Bebauung der Insel lockten neben der großen Gruppe der „Normalurlauber" auch eine besondere Urlauberklientel mit gesellschaftlich wenig akzeptierten Umgangsformen an. Sie sorgten dafür, dass die „Insel der Ruhe" international zunehmend auf ein ungerechtfertigtes „Sonne, Sex und Suff"-Image reduziert wurde. Gleichzeitig sorgte die übermäßige Konkurrenz der zahllosen Hotelbetriebe vermehrt zu Dumpingpreisen, an der Grenze der Rentabilität. Katalogpreise z. B. von 700 DM für drei Wochen Mallorca mit Halbpension inklusive Flug im Jahr 1989 (trotz gestiegenem Preisniveau) ließen an Reinvestitionen zur Instandhaltung der Hotelbetriebe nicht denken. In der Konsequenz verkamen und vergammelten die „alten" touristischen Zentren immer mehr, wurden weniger gebucht, senkten die Preise. Auf diese Weise drehte sich die Preis- und Qualitätsspirale immer schneller nach unten. Um den Mindestansprüchen vieler Urlauber gerecht zu werden, wurden immer neue Hotels in immer neuen Gebieten errichtet. Die Balearenregierung sah dem Landschafts- und Imageverlust lange Zeit untätig zu. Sie betrieb an den Bedürfnissen der Insel, ihrer Bewohner und vieler Urlauber vorbei eine absolut vorrangige Baupolitik, keine Planungspolitik für den Tourismus.

Durch das jähe Ende des touristischen Booms der 1980er Jahre und den unvorhergesehenen Sturz der Wirtschaftsbilanz erwachten die Behörden in Panik endlich aus ihrer Lethargie. Mindestens so sehr wie die wirtschaftlichen Einbußen erschreckte sie die wachsende Unzufriedenheit unter den Mallorcatouristen mit der geringen Umweltqualität in den touristischen Zentren. Man wollte nicht mehr länger wirtschaftlich auf Gedeih und Verderb nur von einer stetig wachsenden Zahl an Urlaubern und dem saisonal eng begrenzten Badetourismus abhängen. Mallorca wollte weg vom massenhaften Billigtourismus, hin zu einem besser vergüteten, gehobenen Qualitätstourismus. Die Mehreinnahmen, die man sich von den höheren Urlaubspreisen versprach, sollte die kleiner gewordene Zahl an Touristen kompensieren. Wild entschlossen, die dafür notwendigen Strukturen zu schaffen, verabschiedete das Parlament der Balearen im Juni 1990 das Gesetz zur Hotelreform. Es verpflichtete alle mehr als fünf Jahre alten Hotel- und Apartmentanlagen zur Renovierung und Modernisierung. Betriebe, die den gesetzlichen Auflagen nicht termingerecht bis zum Ende der Saison 1995 nachkamen, wurden geschlossen. Obwohl der politische Reformwille durch den einsetzenden dritten touristischen Boom hart auf die Probe gestellt wurde, erweist er sich als eisern. An die Sternevergabe und die Qualitätsanforderungen, auch bei Häusern mit nur einem oder ohne Stern, werden nun strenge Kriterien an Bausubstanz und Zustand angelegt. Auf diese Weise entwickelte sich auf Mallorca ein echtes Mittelklasseangebot an Übernachtungsmöglichkeiten mit einer großen Palette an Drei- bis Vier-Sterne-Unterkünften und ein wachsender Anteil an Fünf-Sterne-Häusern. Die Playa de Palma beispielsweise mit ihrer dich-

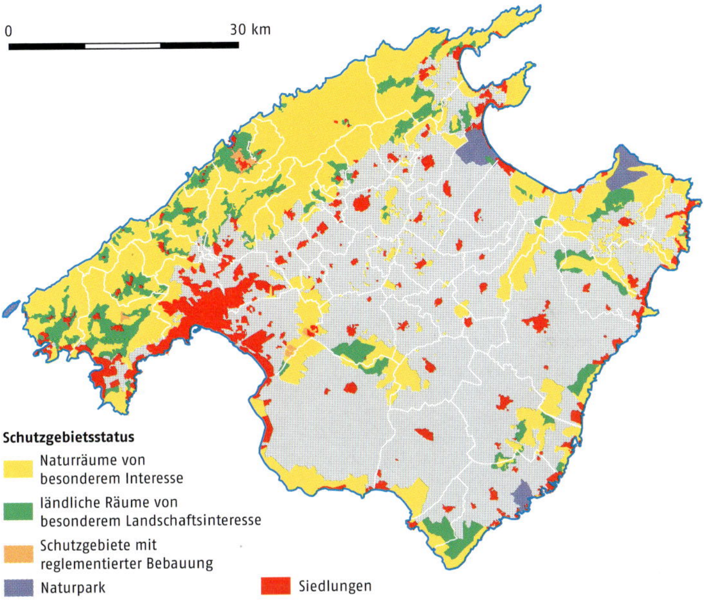

Natur- und Landschaftsschutzgebiete

ten Hotelbebauung war, ist und bleibt Geschmackssache. Doch wer heute dort Urlaub macht oder spazieren geht, bewegt sich längst nicht mehr in heruntergewirtschafteten Hotelvierteln, sondern in solider touristischer Umgebung.

Wieder einmal erahnten die Mallorquiner den touristischen und gesellschaftlichen Zeitgeist rechtzeitig genug: 1991 vollzog Mallorca den ersten Schritt zu einer umweltverträglicheren Landschaftserschließung. In diesem Jahr wurde erstmalig ein Gesetz verabschiedet, das 46 Schutzgebiete ausweist (vgl. Abb. oben) und gleichzeitig die dort zulässige Bebauung einschränkend regelt.

Es erscheint zeitgleich mit der Absicht der balearischen Regierung, die Schönheit von noch weitgehend unberührten, ursprünglichen Inselgebieten zu nutzen und dort vermeintlich landschaftsschonendere Tourismusformen zu etablieren. Sie präsentiert dieses unverbrauchte, wunderschöne Gesicht Mallorcas in internationalen Werbekampagnen und stellt ihr neues touristisches Leitmotiv „Qualitätstourismus und Naturschutz“ vor. Mallorcas neues Image ist das einer grünen, naturnahen, behüteten Insel.

Der neue mallorquinische Qualitätstourismus

Neben der Verbesserung der Umweltqualität in den bestehenden „massentouristischen“ Zentren setzt das Konzept des Qualitätstourismus auf die Erneuerung und Diversifizierung des Urlaubsangebotes abseits des klassischen Badetourismus. Es verfolgt die Aufhebung der engen räumlichen und zeitlichen Begrenzung des Tourismus auf die Küsten bzw. die Sommermonate. Ein gleichbleibender bzw. wachsender wirtschaftlicher Gewinn ohne weitere Zunahme der absoluten Touristenzahlen ist das erklärte Ziel. Nautischer Tourismus, Residenzialtourismus, Golftourismus und Agrotourismus sind die Standbeine des Qualitätstourismus, die eine finanzkräftige Klientel auf die Insel bringen sollen, um so auch bei zurückgehenden Urlauberzahlen wirtschaftlich überleben zu können.

Nautischer Tourismus und Golftourismus Mallorca hat sich seit Beginn der 1990er Jahre innerhalb der Balearen zum Zentrum für nautischen und Golftourismus etabliert. 72 % aller Anlegeplätze der Balearen und 88 % aller Golfplätze befinden sich auf Mallorca. Mit über 140 000 Liegeplätzen in

Golfplatz in Santa Ponça

45 Sport- und Yachthäfen stellt die Insel 10 % aller Yachtanlegestellen des westlichen Mittelmeergebietes. Nautischer und Golftourismus gehen Hand in Hand mit der Errichtung eines hochwertigen Übernachtungsangebotes. Aktuell werden 30 % der Hotelplätze von Vier- und Fünf-Sterne-Häusern bereitgestellt. Nautische und Golftouristen geben im Urlaub fünfmal mehr aus als Normaltouristen. 2008 kamen 250 000 nautische Touristen nach Mallorca und brachten der Insel Einnahmen in Höhe von 400 Mio. Euro. Im gleichen Jahr spielten 100 000 Golfurlauber (2008) auf den heute insgesamt 24 Golfplätzen der Insel und bescherten ihr Einnahmen von 165 Mio. Euro (CITTIB 2008). Beide Touristengruppen zusammen haben an der Gesamtzahl der Mallorcaurlauber einen Anteil von 4 %. In der Nähe der Yachthäfen und Golfplätze entstanden als qualitätstouristisches Ergänzungsangebot nicht nur luxuriöse Hotel-, sondern auch Apartment- und Wohnhausanlagen. Viele der nautischen und der Golftouristen kommen mehrfach im Jahr auf die Insel und kaufen sich hier ein. Dadurch wurden bis zur Finanzkrise 2008 auch der Residenzialtourismus und die zunehmende Bebauung der Landschaft mit Zweitwohnsitzen angekurbelt.

Residenzialtourismus Der Residenzialtourismus war und ist eine von der Balearenregierung gewünschte und vorangetriebene qualitätstouristische Entwicklung, von der man sich eine nachhaltige Förderung des Bau- und Dienstleistungssektors verspricht. Das wirtschaftliche Wachstum der letzten beiden Jahrzehnte entsprang auf Mallorca wie in ganz Spanien dann auch tatsächlich vor allem der Nachfrage auf dem Immobilienmarkt. Phasenweise glich Mallorca einer Dauerbaustelle, und es drängte sich die Frage auf, wer die riesige Käuferschicht bilden sollte, die notwendig war, um die entstandenen Apartments und Häuser zu kaufen. In diesem Zusammenhang ist es wichtig zu wissen, dass Mallorca wie auch die Costa del Sol in Andalusien eine Hochburg für die Umwandlung von internationalem Schwarzgeld in „sauberes“ Geld ist. Die wundersame Verwandlung illegaler Gelder in legales Vermögen erfolgte mit Hilfe von Immobilien, deren realer Wert – an den Finanzbehörden vorbei – unter der Hand gezahlt wurde, für die offiziell aber ein wesentlich geringerer Kaufbetrag verlangt und quittiert wurde. Insgesamt hat die Förderung des Immobilienmarktes dazu geführt, dass die Anzahl der Zweitresidenzen in einigen Gemeinden die der Erstwohnsitze deutlich übersteigt. Dies ist z. B. der Fall in Calvià, Andratx, Alcúdia und Santanyí, wo der Anteil an Zweitwohnsitzen mehr als 60 % beträgt (vgl. Abb. S. 168). In der Gemeinde Calvià, auf deren Küstengebiet große massentouristische Zentren (z. B. Palmanova-Magaluf, Peguera und Santa Ponça) liegen, ist die in Zweitwohnsitzen vorhandene Bettenkapazität größer als die Kapazität von touristischen Unterkünften. Die offizielle Übernachtungskapazität hat

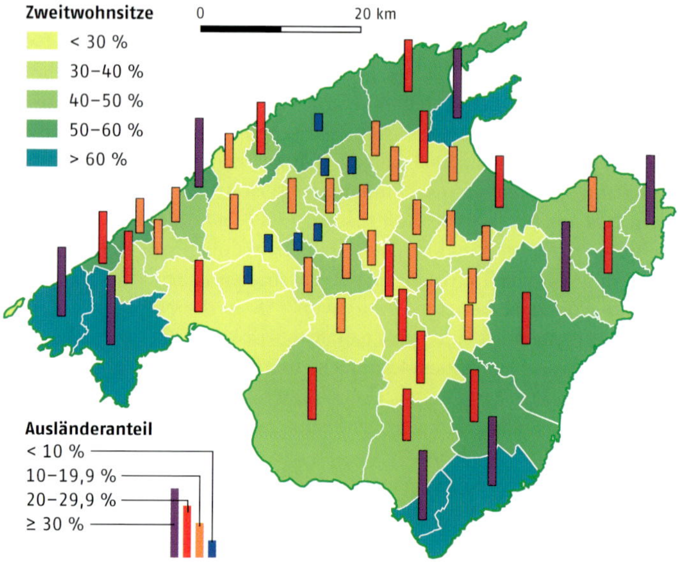

Zweitwohnsitze und Ausländeranteil

sich seit 1994 hier kaum verändert, aber die Bevölkerung stieg seither dank der Zweitwohnsitze um 70 % an. Folglich ist in solchen Gemeinden der Ausländeranteil recht hoch. In Calvià beträgt er derzeit 36 % (Conselleria de Treball i Formació 2008). Die Zahl der Urlauber, die in privaten Wohnsitzen Unterkunft nehmen, ist unbekannt. Es entzieht sich der offiziellen Statistik, ob, wie oft und an wie viele Personen Zweitwohnsitze zu Urlaubszwecken zur Verfügung gestellt oder vermietet werden. Diese Entwicklung hat sich in etlichen Küstengemeinden vollzogen, aber nicht nur hier. Während in den 1980er Jahren Zweitwohnsitze sich noch fast ausschließlich in den Küstengemeinden befanden, so ist heute die residenzielle Erschließung des agrarisch geprägten Inselinneren und der Serra de Tramuntana unverkennbar. Nach einer internen Studie der Universität der Balearen sind mehr als ein Fünftel der Fläche Mallorcas in ausländischem Eigentum, in der Serra de Tramuntana jeder vierte größere Besitz mit mehr als 100 ha Fläche.

Agrotourismus Der Agrotourismus wurde bewusst abseits der Küsten etabliert. Mit der staatlichen Förderung verschiedener Formen des Landurlaubes soll der ländliche Raum belebt, Arbeitsplätze in der Landwirtschaft erhalten und so die traditionelle Kulturlandschaft gefördert werden. Er ist die einzige qualitätstouristische Form, die zu ihrer Ausübung nicht auf eine zusätzliche bauliche Erschließung setzt, diese sogar untersagt und auf bestehende Strukturen zurückgreift. Um Missbrauch zu vermeiden, sieht ein strenges Reglement drei unterschiedliche Formen des Agrotourismus vor, unter denen Urlauber auswählen können:

Turisme Rural (Ländlicher Tourismus) vollzieht sich in Häusern außerhalb geschlossener Ortschaften, die jedoch vor 1940 erbaut sein müssen und weder in Architektur noch in Größe verändert werden dürfen. Die Gästekapazität muss auf 50 Betten in 25 Zimmern beschränkt bleiben, und der dazu gehörige Besitz muss mindestens 50 000 m^2 umfassen.

Agroturisme (Urlaub auf dem Bauernhof) dürfen nur Häuser anbieten, die eine Mindestgrundstücksgröße von 25 000 m^2 besitzen und vor 1960 entstanden sind. Die Fortführung der landwirtschaftlichen Nutzung ist Pflicht und ihr touristisches Angebot auf maximal zwölf Zimmer für 24 Gäste limitiert.

Turisme de Interior (Tourismus im Dorfinneren) findet in Häusern im Kernbereich geschlossener Ortschaften statt, die sich mindestens 500 m vom nächsten Touristenort befinden müssen.

Zwischen 1997 und 2006 hat sich die Zahl der Übernachtungsplätze im Agrotourismus, die naturgemäß nur gering sein kann, vervierfacht (Conselleria de Turisme 2006), auf immerhin knapp 4 000 Plätze (1 % der Gesamtübernachtungskapazität). Der Agrotourismus ist die wohl einzige Form des Qualitätstourismus, die das Etikett „landschaftsschonend" wirklich verdient.

Wasser- und Landschaftsverbrauch – Probleme der Gegenwart und Zukunft

Steigende Touristenzahlen, Bevölkerungswachstum und rege Bautätigkeit bleiben natürlich nicht ohne Auswirkungen auf die Umwelt. Steigender Energiekonsum und Verkehr, zunehmendes Abwasser- und Müllaufkommen sind Probleme, die Mallorca mit allen „Ballungszonen" teilt. Der begrenzte Inselraum und die natürliche Wassersituation stellen Mallorca aber vor zwei ganz besondere Probleme: den Wasser- und Landschaftsverbrauch durch den Tourismus.

Mallorca lavierte sich bis zur Inbetriebnahme der Meerwasserentsalzungsanlage in der Bucht von Palma im Jahr 2000 zwei Jahrzehnte lang durch eine sich zunehmend verschärfende Krise seiner Wasserversorgung. Die Hauptstadt Palma und ihre Touristenzonen verbrauchten im Schnitt der 1990er Jahre 39 Mio. m^3 Wasser, was einem Fünftel der jährlichen

Altersmigration – das Phänomen der Mallorca-Rentner

In den hochentwickelten Gesellschaften Europas heutzutage aus dem Berufsleben ausscheidende Menschen können oft auf umfangreiche internationale Reiseerfahrungen zurückblicken und bleiben auch im Alter zunehmend gesund und mobilitätsfreudig. Nach dem Vorbild US-amerikanischer Rentner beschließt auch in Deutschland eine immer größere Zahl dieser „jungen Alten", ihren Wohnsitz im Ruhestand an (klimatisch) attraktivere Standorte zu verlegen. In den 1970er Jahren begannen die ersten Pensionäre den Absprung von der Heimat in die Küstenregionen des Mittelmeeres zu wagen. Spanien stand als ihr neuer Wunschwohnort im „europäischen Sunbelt" besonders hoch im Kurs. Speziell Mallorca war – wie könnte es anders sein – auch für Altersmigranten ein besonders nachgefragtes Pionierziel, das sich bis heute ungebrochener Beliebtheit erfreut. Nach der Insel und aufgrund der augenfällig hohen Zahl an dort lebenden deutschen Ruheständlern werden alle Altersmigranten – wo auch immer sie ihren Altersruhesitz in Europa errichten – im allgemeinen Jargon und im Sprachgebrauch von Presse und Medien als „Mallorca-Rentner" bezeichnet. Inoffiziellen Schätzungen zufolge gibt es etwa 600 000 dieser Mallorca-Rentner, von denen aber „nur" etwa 50 000 tatsächlich auf der Insel leben. Umfangreichen Untersuchungen von Klaus Friedrich und Claudia Kaiser (2001) zufolge handelt es sich bei den auf Mallorca lebenden älteren, nicht mehr im Berufsleben stehenden Deutschen fast ausschließlich um Westdeutsche, die meisten von ihnen zwischen 55 und 70 Jahre alt. Unter ihnen befinden sich überdurchschnittlich viele ehemals Selbstständige sowie höher qualifizierte Angestellte und Beamte. Die Alterswohnsitze werden nicht immer ganzjährig bewohnt: Nur vier von zehn Senioren leben mindestens elf Monate und damit dauerhaft hier, zwei residieren immerhin sieben bis zehn Monate auf Mallorca und weitere vier beschränken ihren Aufenthalt auf drei bis sechs

Grundwasserneubildungsrate des gesamten mallorquinischen Flachlandes entsprach (Schmitt & Blàzquez 2003). Der Wasserspiegel des Großbrunnens S'Estremera bei Bunyola, der einen Großteil des Wassers für Palma liefert, sank in nur drei Jahren (1991–1994) um 20 m (Schmitt 1999). Diese für das gesamte Becken von Palma repräsentative Grundwasserabsenkung führte zum Eindringen von Meerwasser in den Grundwasserkörper und dazu, dass die Versorgungsquellen bei Salzgehalten von 5 000 mg/l kein Trinkwasser mehr lieferten. Der Grenzwert der Weltgesundheitsorganisation für gesundheitlich bedenkliches Wasser liegt bei 200 mg/l! Die Bevölkerung war gezwungen, ihr Wasser zum Kochen an bestimmten im Stadtgebiet verteilten Wasserstationen abzufüllen und nach Hause zu transportieren. Zwar ist die

Monate. Die durchschnittliche Verweildauer der Ruheständler auf der Insel beträgt damit 8,6 Monate. Nicht immer sind die Angaben, die die Altersresidenten über ihre Aufenthaltszeit auf Mallorca machen, auch korrekt. Nicht wenige versuchen, einen überwiegenden Aufenthalt in Deutschland vorzutäuschen, um ihre deutsche Krankenversicherung aufrechterhalten zu können. Das EU-Recht sieht nämlich die verpflichtende Krankenversicherung in dem Land des Hauptwohnsitzes vor. Um der offensichtlichen, vielfachen Brechung dieses Rechtes ein Ende zu setzen, versucht die Europäische Union seit Mai 2010 den Hauptwohnsitz ihrer Bürger genau zu ermitteln und an die Sozialkassen zu melden (EU-Verordnung 987/2009). Spanische und deutsche Ämter können dazu ihre Daten abgleichen und dürfen zur sicheren Identifizierung des Hauptwohnortes auch Heiz- und Stromkostenabrechnungen der Bürger einsehen.

Die überwiegende Zahl der Altersmigranten (86 %) sind Eigentümer der Immobilien, die sie bewohnen: Wohnung oder Apartment (51 %), Einfamilienhaus (36 %) und Doppelhaushälfte bzw. Reihenhaus (13 %). Nur 14 % leben zur Miete. Deutsche Seniorenresidenzen im engeren Sinn des betreuten Wohnens gibt es auf Mallorca bislang nur zwei: Es Castellot in Santa Ponsa und C´as Notari in Porreres im Inselinneren.

Die meisten Ruheständler (55 %) zieht es in die touristisch geprägten Küstenorte oder in küstennah gelegene Urbanisationen (30 %), und nur 15 % wagen ein Leben mitten unter der mallorquinischen Bevölkerung in ländlichen Siedlungen. Regelrechte Rentnerstädte wie in den USA existieren auf Mallorca nicht. Das Phänomen der Altersmigration ist im Landschaftsbild und in den Siedlungsstrukturen der Insel nicht sichtbar. Auch die tragischen Probleme nicht, die in sich mehrenden Einzelfällen entstehen, wenn Migranten durch mangelnde Vorsorge oder Schicksalsschläge z. B. von Altersarmut und Pflegebedürftigkeit betroffen werden und sich weder deutsche noch spanische Einrichtungen und Instanzen zuständig fühlen.

Lage im Südwesten der Insel besonders prekär, aber auch in anderen Bereichen, z. B. im Norden bei Alcúdia kam es aufgrund einer zu starken Grundwasserförderung zu Versalzungen. Die ökologische Gleichgewichtslinie zwischen Grundwasserneubildung und Grundwassergewinnung ist unter den mediterranen Klimabedingungen seit einiger Zeit und auf lange Sicht verloren. In einem schieren Verzweiflungsakt versuchte Mallorca die Wasserversorgung seiner Bevölkerung und Touristen im Sommer 1995 durch den täglichen Antransport von 25 000 bis 30 000 m^3 Ebrowasser per Schiff nach Palma zu sichern. Noch im gleichen Jahr sorgte eine am nördlichen Stadtrand von Palma in Betrieb genommene Grundwasserentsalzungsanlage für eine gewisse Entspannung der Situation. Zwar sind solche Engpässe heute durch Meerwasserentsalzungsanlagen nicht mehr zu befürchten, allerdings ist ihr Betrieb sehr energieaufwendig.

Die Höhe des Wasserverbrauches ist auf Gemeindeebene sehr unterschiedlich, da er in der Regel vom touristischen Erschließungsgrad abhängt. Während zahlreiche ländliche Gemeinden nur einen täglichen Pro-Kopf-Verbrauch von deutlich weniger als 150 l Wasser verzeichnen, steigt der Konsum in vielen touristischen Gemeinden auf mehr als 250 l pro Kopf, in einigen sogar über 700 l (z. B. in Alcúdia und Calvià).

Der Tourismus verbraucht insgesamt ein Viertel des Wassers auf der Insel, nur knapp weniger als die ganzjährig vor Ort lebende Bevölkerung (30 %). Fahndet man danach, welche Tourismusbranche pro Kopf wie viel Wasser verbraucht, stößt man vor allem auf den Residenzialtourismus, aber auch den Golftourismus als besonders große Wasserkonsumenten. Ein Golfplatz verbraucht täglich bis zu 2 000 m^3 der wertvollen Ressource, was in etwa dem Tagesverbrauch eines Ortes mit 8 000 Einwohnern entspricht. Über den Anteil des Residenzialtourismus am steigenden Wasserverbrauch liegen zwar keine exakten Daten vor, aber in Wasserwirtschaftskreisen der Insel wird er als erheblich angesehen. Gerade die bei Zweitwohnsitzen üblichen ganzjährigen Gartenbewässerungen und individuellen Poolanlagen führen zu einem Pro-Kopf-Wasserverbrauch der Residenzialtouristen, der weit über dem „herkömmlicher" Touristen liegt. In Nova Santa Ponça und Sol de Mallorca – zwei von Residenzialtourismus geprägte qualitätstouristische Ziele in der Gemeinde Calvià – gehen über die Hälfte des Wasserverbrauchs in die Gartenbewässerung. Der tägliche Wasserverbrauch erreicht in solchen Regionen pro Kopf mehr als 700 l.

Der Flächenverbrauch durch den Massentourismus ist nahezu abgeschlossen. Hauptsächlich in den 1960er bis 1980er Jahren entstanden ausreichende Übernachtungskapazitäten, die heute genutzt werden können. Bei Veränderungen und Bauprojekten handelt es sich in der Regel um Qualitätsverbesserungen der bestehenden Infrastruktur. Die erst in den 1990er Jahren einsetzende qualitätstouristische Erschließung der Insel ist dagegen in vollem Gang. 2007 wurden 55 % aller Baugenehmigungen auf Mallorca für qualitätstouristische Wohnprojekte und nur 1 % für traditionelle touristische Projekte erteilt. Während massentouristische Gebiete durch eine hohe, kompakte Bebauung, die viele Urlauber auf relativ kleinem Raum beherbergen kann, gekennzeichnet sind, zeigen qualitätstouristische Gebiete eine niedrige, weit in die Fläche greifende, lockere, durchgrünte Bebauung. Dadurch ist schon jetzt der Landschaftsverbrauch in qualitätstouristischen Gebieten der Insel pro Kopf siebenfach höher als in massentouristischen Gebieten. Ein entscheidender Unterschied zwischen dem traditionellen Tourismus und dem neuen Prestigetourismus ist also, dass der traditionelle Tourismus der

Insel sehr viel höhere Einnahmen bei gleichzeitig viel niedrigerem Landschaftsverbrauch bringt als der Qualitätstourismus. Zusätzlich zu den einst vom Massentourismus verschlungenen Landschaften hat der Qualitätstourismus bereits eine große Zahl naturnaher Lebensräume verbraucht. 2009 nahmen in Calvià bebaute und als Bauland ausgewiesene Bereiche 15 % der 145 km^2 großen Gemeinde ein. Weitere 15 % der Gemeindefläche sind Bauerwartungsland und können jederzeit in bebaubare Flächen umgewandelt werden. In der Gemeinde Calvià gibt es fünf der insgesamt 24 Golfplätze Mallorcas und über 20 000 Zweitwohnsitze. Aufgrund der großen Nachfrage haben sich in nur zehn Jahren (1997–2007) die Quadratmeterpreise in der Gemeinde vervierfacht. Ein eindrückliches Beispiel für Residenzialtourismus in seiner luxuriösen Form und den dadurch verursachten Landschaftsverbrauch ist der Puig de Sa Sirví in Nova Santa Ponça (vgl. Abb. S. 174). Er genießt auf ganz Mallorca große Bekanntheit und wird von den Einheimischen aufgrund seiner Straßenanlage nur *la ensaimada*, „die Schnecke", genannt. Er ist geradezu ein Paradebeispiel dafür, dass der mallorquinische Qualitätstourismus – trotz anderslautender Beteuerungen der Balearenregierung – weniger im Sinne von „umweltschonend" qualitativ hochwertig ist, sondern vor allem im Sinne von „teuer".

Aber auch hier machen sich erste Kurskorrekturen bemerkbar. Die Gemeinde Calvià, die eine Vorreiterrolle bei der Etablierung des Qualitäts-

Villensiedlung am Puig de Sa Sirví, Nova Santa Ponça

tourismus eingenommen hatte, hat auch als Erste die Bedeutung erkannt, ihren Tourismus zukunftsfähig zu machen. Sie legte 1999 eine lokale Agenda 21 vor, die in zahlreichen internationalen Auszeichnungen Anerkennung fand, so z. B. in der Auszeichnung als „Sustainable European City“ der Europäischen Union. Der Wasserverbrauch in der Gemeinde ist darin ein wichtiges Thema. Die Agenda sah bis zum Jahr 2007 die Reduzierung des Konsums dieser wichtigen Lebensressource um 20 % auf den Stand von 1997 (10 hm^3) vor. Die Erfüllung dieser Zielvorstellung gelang nicht. Doch die ergriffenen Maßnahmen wie die Verbesserung des Leitungsnetzes, die Installation von Wasser sparenden Techniken und Zählern und die Nutzung von Brauchwasser zeigten Wirkung: Statt dem für 2007 ohne diese Maßnahmen zu veranschlagenden Wasserverbrauch von 17 hm^3 wurden immerhin nur 12,5 Mio. hm^3 Wasser konsumiert.

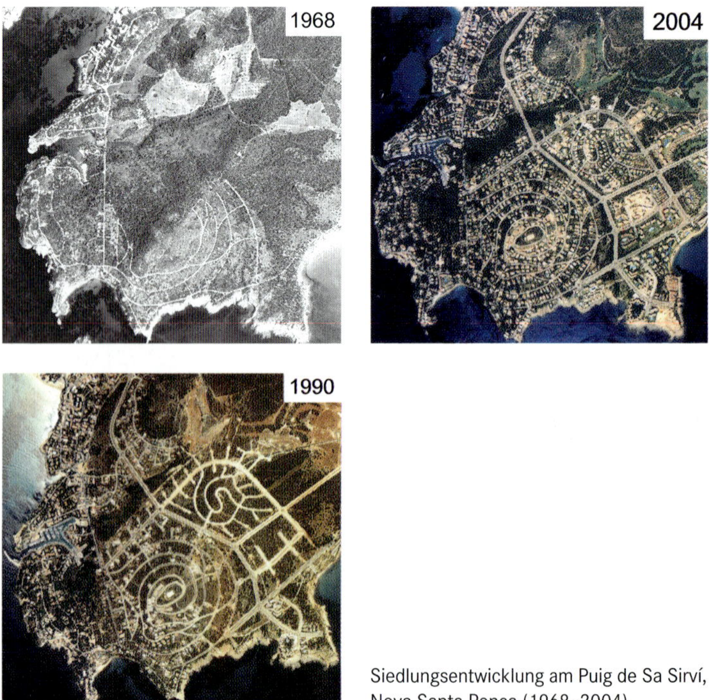

Siedlungsentwicklung am Puig de Sa Sirví, Nova Santa Ponça (1968–2004)

GOB – ein Dorn im Auge von organisierten Umweltsündern

Niemand wird behaupten können, dass sich die Balearenregierung und Tourismusverantwortlichen bisher im Umgang mit Umwelt und Natur der Insel mit Ruhm bekleckert haben. Klotzen statt Kleckern, hieß die Devise. Küsten wurden in den frühen Jahren des Tourismus zubetoniert, in den fortgeschrittenen, reiferen Jahren bis heute sage und schreibe 22 Golfplätze in die Landschaft gefräst und 45 Yachthäfen in zum Teil unerschlossene Buchten gepfropft. Wahrscheinlich wäre alles noch viel schlimmer gekommen, hätte sich nicht 1973 eine Gruppe von Naturliebhabern und Ornithologen zum Umweltverband GOB (Grup Balear d'Ornitologia i Defensa de la Naturalesa) zusammengeschlossen. Aus den Naturliebhabern wurde ein einflussreicher Anwalt der Inselnatur. Unterstützt von Umwelt- und Sozialwissenschaftlern der Universität der Balearen engagieren sie sich für die Bewahrung des Naturerbes des Archipels. Auf Mallorca sehen sie den größten Herausforderungen ins Auge, manchmal machtlos, oft aber auch sehr erfolgreich. Sie erreichten, dass das spanische Militär die Vogelinsel Cabrera räumte, dass der Lebensraum der Balearen-Eidechse, die Insel La Dragonera (Dracheninsel), unbebaut blieb. Und sie sicherten den Fortbestand von S'Albufera, Feucht- und Vogelschutzgebiet von europäischer Bedeutung. Vor allem aber gelang dem Verband die Sensibilisierung der Mallorquiner und der Urlauber für Natur und Umwelt der Balearen. So rekrutiert er seine Mitglieder längst nicht mehr nur unter den Einheimischen, sondern auch unter Wissenschaftlern und Mallorcaliebhabern aus ganz Europa. Auf seinen Druck hin kaufte die Balearenregierung in den 1990er Jahren für umgerechnet etwa 31 Mio. DM die komplette Cala Mondrago, um sie als Schutzgebiet ausweisen zu können. Die GOB selbst kaufte bereits 1980 mit privaten Spendengeldern die 75 ha große Finca La Trapa, um sie vor der Zerstörung durch ein touristisches Großprojekt zu schützen. La Trapa ist für alle Besucher frei zugänglich. Der etwas beschwerliche, aber wunderschöne Aufstieg von Sant Telm aus wird mit einem einzigartigen Ausblick auf die Dracheninsel belohnt.

Zentrale Anliegen des Umweltverbandes sind die Durchsetzung einer nachhaltigen Flächennutzungsplanung ohne die Erschließung von neuem Bauland, die Renovierung und Qualitätsverbesserung bestehender touristischer Zonen sowie Maßnahmen zur Erhaltung der balearischen Kulturlandschaft und der Biodiversität und keine neuen Großprojekte mehr wie der Bau neuer Autobahnen oder die Vergrößerung des Flughafens von Palma. Gigantismus, also Riesenwuchs, wird in der Biogeographie als ein typisches Phänomen der Tier- und Pflanzenwelt von Inseln angesehen. Auf Mallorca scheint er nicht selten auch auf Landnutzungsprojekte aller Art und ihre Konstrukteure zuzutreffen. Diesen Gigantismus in Grenzen zu halten, hat sich die GOB auf die Fahnen geschrieben. Die Vision: Gemeinsam mit Touristen und Mallorcaliebhabern die Landschafts- und Naturqualität der Insel zu erhalten.

Lust auf mehr Information? Vielleicht sogar auf Mitarbeit oder Unterstützung der GOB? Für Fragen, Anregungen oder Kritik steht im Büro der GOB in Palma ein deutschsprachiger Mitarbeiter zur Verfügung.

An Palma führt kein Weg vorbei

Boomtown Palma – eine Stadt sprengt ihren Rahmen

Ursprünglich war Palma einmal eine in ihrer Struktur und Ausdehnung wohl definierte Stadt – bis zur Mitte des 20. Jh.s gegliedert in die vorindustrielle Stadt in den engen Grenzen der Stadtmauer und in ihre 400 ha große Erweiterungszone, die sog. Ensanche, außerhalb der Begrenzungsmauer. Ein Blick aus dem Flugzeug oder auch nur in den Stadtplan zeigt, dass Palma sich über die Ensanche hinaus zu einem städtischen Kontinuum entwickelt hat, das weit über seine eigentlichen Stadtgrenzen hinausgreift. Seine Entwicklung von einer kompakten Stadt zu einem diffusen städtischen Gebilde geht Hand in Hand mit der touristischen Spezialisierung der Insel. Vor allem durch die Vielzahl der verstreuten Erst- und Zweitwohnsitze wachsen die Stadt und die in räumlicher Nähe liegenden (Satelliten-)Gemeinden zunehmend zu einer Metropolregion zusammen.

Seit 1887 wächst die Bevölkerung in der Hauptstadt konstant. Die zu spät eingeleitete Erweiterung der Stadt über die historische Stadtmauer hinaus

La Ciutat – Bevölkerungs-, Wirtschafts- und Kulturzentrum Mallorcas

unterdrückte das Bevölkerungswachstum allerdings bis in die 1940er Jahre. Dies änderte sich nach ihrem Abriss zunächst nur langsam. Anfang der 1960er Jahre begannen einschneidende demographische Veränderungen und hinterließen deutliche Spuren. In nur zwei Jahrzehnten verdoppelte sich die Einwohnerzahl Palmas, wie die Volkszählungen von 1960 (150 000 EW) und 1981 (ca. 300 000 EW) zeigen. Der erste touristische Boom in den 1960er Jahren machte aus Palma ein Aufnahmezentrum für Arbeitsuchende „Einwanderer" vom spanischen Festland, vornehmlich aus Murcia und Andalusien. Verzeichnete die Stadt von 1955 bis 1960 nur 7 243 Zuwanderer, waren es in den darauffolgenden Jahren (1960–1965) schon 21 191 (González 2006). 1970 waren bereits 30 % der Einwohner Palmas nicht in der Hauptstadt geboren. Die Stadt bereitete sich in umfangreichen Hochhausbauprojekten in der Ensanche auf die anrollende Lawine wohnungssuchender neuer Einwohner vor. Noch 1960 hatte sie eine mittlere Einwohnerzahl von 130 Menschen je ha. Durch die Wohnbauprojekte wurde in manchen Stadtvierteln eine Dichte von 1 814 Einwohnern je ha erreicht. Der Übergang vom zweiten zum dritten touristischen Boom führte in den 1990er Jahren zur Ankunft von Arbeitsmigranten aus Lateinamerika (Servicekräfte) und dem nördlichen Afrika (Bausektor).

Das demographische Gewicht Palmas nahm bis in die 1990er Jahre zu: 1900 hatten die Einwohner der Hauptstadt einen Anteil von knapp 26 % an der gesamten Inselbevölkerung. 1960 wohnten hier bereits fast 44 % und 1981 über die Hälfte (54 %) der Einwohner Mallorcas. Obwohl das Bevölkerungswachstum bis zum heutigen Tag immer positiv war, verlor Palma in den 1990er und 2000er Jahren etwas von seinem Schwergewicht. Die überall auf der Insel im Zuge des dritten touristischen Booms errichteten Zweitwohnsitze führten dazu, dass 2001 „nur" noch 51 % der Bevölkerung Mallorcas hier leben. La Ciutat ist der Lebensort für etwa 400 000 Menschen. Alle anderen Städte Mallorcas und der Balearen erreichen nicht einmal 50 000 Einwohner. Seit Gründung der Stadt hat Palma seine wirtschaftliche, soziale, demographische und kulturelle Vormachtstellung auf Mallorca und den Balearen immer weiter ausgebaut. Es ist Denkfabrik und Steuerungszentrum des Archipels.

Als eine zentral im Mittelmeerraum gelegene Insel bewegt sich die Geschichte Mallorcas und seiner Hauptstadt seit jeher zwischen traditionellem Hermetismus und kultureller Öffnung, die durch die verschiedenen Eroberer aller Epochen (zwangsläufig) herbeigeführt wurde. Die Verteidigung des „Lokalen" und der Reichtum des „Globalen" bilden in der Inselgeschichte ein historisches Miteinander. In der Hauptstadt Palma als wunderbarem Produkt und Bühne dieses Miteinanders lassen sich all die ursprünglich fremden, dann in die Kultur integrierten Einflüsse mit allen Sinnen erleben.

Die jahrhundertelange Spezialisierung der Insel auf den Handel und die touristische Entwicklung der jüngeren Jahrzehnte ließen die Stadt zu einem Knotenpunkt in der intensiven Vernetzung mit den verschiedensten Kulturen und Ländern Europas und anderer Kontinente werden.

Traumstadt im Wandel der Zeiten

Palmas Vergangenheit ist eine Geschichte aus Licht und Schatten. Aus den guten Zeiten hervorzuheben sind die lange und fruchtbare arabische Herrschaft, die architektonischen Beiträge der Gotik und der Einfluss neuer städtebaulicher Techniken auf die Struktur der Stadt in der modernen Zeit. Schatten warfen dagegen die imperialistischen Begehrlichkeiten der Nachbarvölker und die Bedrohung durch Piraten und Korsaren. Sie erklären die massiven Befestigungs- und Verteidigungsmauern der Stadt, die bis zum Beginn des Industriezeitalters das städtische Wachstum bestimmten und limitierten.

Das Geburtsjahr der Stadt ist 123 v. Chr., als die Römer Mallorca eroberten und in ihr Imperium eingliederten. Das römische Palma befand sich auf dem Terrain des heutigen Stadtviertels Almudaina in der Umgebung der Kathedrale. Umschlossen von einer Befestigungsmauer lebten hier auf 5–6 ha etwa 2000 Menschen. Das radial angeordnete Wegenetz außerhalb der Mauer, das Palma mit der übrigen Insel verband, ist der antike Vorläufer der späteren Ensanche und des aktuellen Straßennetzes der Hauptstadt. Nach dem Niedergang des Römischen Reiches wurde Mallorca zuerst von den Vandalen (454–534), dann von Byzanz (534–902) erobert und beherrscht. Im Hinblick auf die Entwicklung von Stadt und Insel gingen diese Zeiten geradezu spurlos an Palma und Mallorca vorbei. Mit der Eroberung durch die Mauren und die Integration in das Emirat von Córdoba begann für Palma eine lange, fruchtbare Etappe, in der es sich zu dem entwickelte, was es heute noch ist: die Madîna Mayurca – die Hauptstadt. Am Ende der arabischen Herrschaft umfasste die mit starken Mauern befestigte Stadt etwa 100 ha. Trotz aller späteren Überformungen ist die aktuelle städtische Linienführung das Erbe der 300 Jahre währenden arabischen Herrschaft. Obwohl der Straßenverlauf in einer islamischen Stadt sich gewöhnlich an der Bebauung (nicht umgekehrt!) orientiert, griffen die arabischen Herrscher bei der Entwicklung ihrer Madîna Mayurca das von den Römern vage vorgezeichnete Straßensystem auf. Innerhalb des befestigten Kerns entstanden wichtige Hauptstraßen, die außerhalb der Mauern die Stadt mit anderen wichtigen Orten der Insel verbanden. Diese Straßen arabischen Ursprungs existieren bis heute in ihrem Verlauf und ihrer Funktion weiter, z. B. die Calle Sant

Miguel in Richtung Bunyola-Valldemossa-Sóller, Calle Sant Jaume in Richtung Esporles-Puigpunyent-Banyalbufar oder Calle Síndicat nach Inca-Pollença-Alcúdia. Am Ende der arabischen Herrschaft war die Stadt innerhalb der Stadtmauern in drei Teile gegliedert. Der innere Kern, Urbs Vetus oder Antigua Almudaina genannt, entsprach dem von den römischen Mauern umschlossenen, ältesten Stadtteil und war sozusagen der historische Kern der Madîna Mayurca. Daran schloss sich das arabische Neubauviertel an. Es lag zwischen dem arabischen Herrscherpalast Almudaina, der römischen Mauer und dem Bachbett des Torrent de Riera. Das übrige Stadtviertel blieb absichtlich unbebaut. Es war hauptsächlich landwirtschaftlichen Flächen vorbehalten.

Als am 31. Dezember 1229 die Madîna Mayurca mit ihren 31 500 Einwohnern vor den Truppen des katalanisch-christlichen Königs Jaume I. kapitulierte, brach für Mallorca und Palma die christliche Feudalherrschaft an. Die neuen Herrscher übernahmen in direkter Übersetzung (La Ciutat) den Namen der Stadt, das geniale Straßensystem und die ebenso gelungene Wasserversorgung. Sie zerstörten aber nahezu das gesamte architektonische Erbe der Mauren, schleiften die Moschee und den Palast der arabischen Herrscher in einer Perfektion, als hätten sie Angst, der Geist der vertriebenen Heiden könnte ihre christlichen Seelen heimsuchen. Im Stadtbild Palmas sind heute nur noch wenige Überreste der prachtvollen Madîna Mayurca zu sehen, z. B. die (bescheidenen) arabischen Bäder in der Straße Can Serra und ein Bogen in der Almudaina-Straße. Nur die Stadtmauer überlebte das Wüten. Sie war so großzügig bemessen, dass die christliche Stadt sich lange Zeit innerhalb dieser Mauern entwickeln konnte, ohne dass die Mauer eingerissen oder erweitert werden musste. Angst und Schrecken, Gewalt und Unterdrückung traten unter den christlichen Herrschern an die Stelle der liberalen arabischen Führung in Stadt und Land. Unter der neuen Führung begannen zaghafte städtebauliche Planungsversuche. Sie äußern sich noch heute darin, dass die auf den Freiflächen neu entstehenden Stadtteile ein geplantes Straßennetz haben. Nicht mehr länger orientierte sich der Straßenverlauf an der Bebauung, sondern die Bebauung eines Viertels am zuvor angelegten Straßensystem.

Anstelle der Moschee und des arabischen Palastes erschufen die christlichen Herrscher eigene Symbolbauten ihrer religiösen und weltlichen Macht. Ganz im Stil der damals in Europa vorherrschenden Gotik entstanden auf den Grundmauern der arabischen Vorläufer der Almudaina-Palast (14. Jh.) und die Kathedrale (13.–16. Jh.). In der jüngeren spanischen Geschichte, während der Franco-Diktatur, war der Almudaina-Palast lange die Residenz des obersten Militärbefehlshabers der Balearen. Nach dem Ende der Diktatur wurde er partiell in ein Museum umgewandelt. Der größte Teil ist jedoch der Amtssitz des spanischen Königs während seiner häufigen Aufenthalte

La Seu – Kathedrale von Palma

auf Mallorca. Das spanische Staatsoberhaupt gewährt hier Audienzen, gibt Empfänge und unterstreicht den Anspruch Palmas, die zweite Hauptstadt Spaniens zu sein. Wenn auch die Moschee dem Bau der Kathedrale weichen musste, so zwangen ihre Grundmauern einer der stattlichsten christlichen Sakralbauten doch zumindest seine Ausrichtung nach Mekka auf. Dieser Tatsache verdanken Besucher der Kathedrale am frühen Morgen ein bewegendes Farbspiel. Das Licht der Sonne bricht sich, wenn es durch Europas größtes Rosettenfenster flutet, millionenfach in prächtige Farben, ergießt sich in das ansonsten dunkle Kirchinnere und erhellt es bis in den letzten Winkel in sanftem Gold. Wer das Glück hat, dass der Organist bei seinen Übungen zeitgleich die Orgel erschallen lässt, wird Zeit und Raum vergessen und im Gegenwärtigen verharren.

Erst ab dem letzten Drittel des 16. Jh.s bis Anfang des 19. Jh.s wurde Palma mit Wehranlagen versehen. Dazu wurden die alten Stadtmauern durch einen neuen, wesentlich dickeren und höheren Mauerring in der Nähe des alten verstärkt. Diese neue Stadtmauer hatte maßgeblichen Einfluss auf die heutige Stadtform: Es wurde im Umkreis von 1,25 km keine Besiedlung außerhalb der Stadtmauer zugelassen, und die gesamte Entwicklung von Bevölkerung und Stadt orientierte sich an dem Verlauf dieses steinernen Bollwerks. Heute sind von dieser Wehrmauer nur noch zwei kleinere Abschnitte übrig, das Bollwerk von Sant Pere im Westen und der Abschnitt zwischen dem Mirador und dem Bollwerk del Princep. Herausragende zivile städtebauliche Leistung jener Zeit war die Umleitung des Torrent Riera (1613) in den Wassergraben der Stadtmauer. Dadurch schützte man die Stadt und ihre Menschen vor den alljährlich nach Starkregen plötzlich auftretenden katastrophenähnlichen Überschwemmungen, die der aus dem Gebirge kommende Wildbach der Stadt bescherte. Der Bachverlauf wurde zugeschüttet und zu einer der wichtigsten Straßen innerhalb der Stadtmauern: der heutigen La Rambla, der mit Platanen bestandenen Flaniermeile Palmas.

Die Industrialisierung verwandelte im 19. Jh. das Gesicht aller europäischen Städte, auch das von La Ciutat de Mallorca. Die Städteplanung hielt nicht Schritt mit den hochdynamischen industriellen Neuerungen und Entwicklungen jener Zeit.

Das überragende städtebauliche Wahrzeichen der industriellen Revolution in Palma und Ausdruck des neuen industriellen Bürgertums wurde durch den Beschluss zum Niederriss der Stadtmauer (1901) gesetzt. Schon seit 1868 diskutiert, verhinderte die Armee lange Zeit erfolgreich die Auflösung des steinernen Gürtels. Letztlich siegten aber der Druck des Bürgertums und hygienische Überlegungen. Man entschied sich zu einer ringartigen Stadterweiterung, die sich an den bestehenden großen Ausfallstraßen arabischen Ursprungs orientieren sollte. Damit sollte auch die Sternform der Stadt beibehalten werden. Diese erweiterte Zone wurde von dem Torrent Riera in zwei Stadtgebiete gegliedert. In nur zwanzig Jahren sollte die Stadterweiterung abgeschlossen sein, aber der Prozess ging sehr schleppend voran. Der Abbau der Mauer zog sich von 1903 bis 1934 hin, mit der Konsequenz, dass 1940 ein großer Teil der Ensanche noch völlig unbebaut war. Das sollte sich in den nächsten drei Jahrzehnten radikal ändern.

Mit der zunehmenden Industrialisierung zu Beginn des 19. Jh.s gingen auch die Liberalisierung der Gesellschaft und die Schwächung der kirchlichen Macht einher. Dieser Prozess schlug sich eindrücklich in der Entwicklung der Stadt innerhalb der Mauern nieder. Zwischen 1820 und 1823 gingen 17 der zuvor 23 Klöster der Stadt in staatlichen Besitz über. Sechs davon wurden dem Erdboden gleichgemacht, die übrigen zweckentfremdet und der Öffentlichkeit zugänglich gemacht. Herausragendes Beispiel für die Umwandlung ehemaliger Kirchenimmobilien in öffentliche Räume ist die heutige Plaza Major. Ehemals von den Gebäuden der Inquisition eingenommen, entstand hier nach ihrem Abriss 1836 ein überdachter Markt. Ein ebenso eindrückliches Beispiel ist der Abriss des Klosters Santo Domingo. Es musste der heutigen Calle Palau Real weichen, die als Imitation der Pariser

Rue du Rivoli mit eleganten Wohnhäusern, Geschäften und einem Casino das neue Selbstwertgefühl der Bürger Palmas zum Ausdruck bringen sollte. Das prächtige Jugendstilgebäude des Casinos war zunächst Sitz des elitären Circulo Mallorquin, eine Art exklusiver Club der mallorquinischen High Society, der „oberen zwei Dutzend", wie Josep Moll-Marques, Stellvertretender Parlamentspräsident der Balearen, es im Jahr 2000 einmal ausdrückte. Der Geld- und blaublütige Adel der Insel, der sich zu jener Zeit noch samt und sonders aus den Nachfahren der Edelleute rekrutierte, die an der Seite Jaume I. Mallorca von den Mauren erobert hatten, versäumten die Zeichen der Zeit. Müßiggang ließ sie verarmen, mit Neid und Abscheu blickten sie auf das wirtschaftlich aufsteigende Bürgertum. Zwar ließen sie sich gerne von diesem hofieren, in den erlauchten Circulo Mallorquin wurde aber dennoch nicht jeder und erst recht nicht beim ersten Antrag auf Mitgliedschaft aufgenommen. Sie versuchten das 19. und auch das 20. Jh. mit möglichst wenigen bürgerlichen Emporkömmlingen zu überstehen. Bekanntester Ausgestoßener ist wohl der Multimilliardär Juan March Ordinas (heute noch bekannt durch das gleichnamige Kreditinstitut Banca March). Der kaufte aus Rache das Nachbargrundstück des Casinos, ließ die Häuser einreißen und baute sich 1950 dort seinen eigenen, noch prunkvolleren Palast.

Der Tourismus revolutionierte in den 1950er Jahren die Einkommensverhältnisse, mischte die alten sozialen Schichten auf und brachte den brüchig gewordenen Elfenbeinturm des verarmten Circulo Mallorquin allmählich zum Einsturz. Seine Residenz und zugleich letztes in der Stadt errichtetes Jugendstilgebäude, das Casino, wurde 1983 Sitz des Parlamentes der Balearen, die sich als Selbstverwaltungsgemeinschaft innerhalb des spanischen Staates konstituiert hatten. Das von den ehemaligen oberen zwei Dutzend heruntergewirtschaftete Gebäude wurde von den neuen Eigentümern, den Vertretern des einst so geschmähten einfachen Volkes, mit öffentlichen Mitteln restauriert und erstrahlt in neuem Glanz. Im Stadtbild ist der alte mallorquinische Adel noch nicht untergegangen. In ihren Stadtresidenzen, die überall in der Altstadt verteilt sind, sind sie noch präsent. Die kühlen Patios voller Ruhe gewähren den Vorbeigehenden unvermittelte Einblicke in städtische Oasen, in denen selbst die Pflanzen ausgesucht zu sein scheinen, um das museale Schweigen der Orte zu vertiefen. Beim Anblick der Patios kann der Betrachter oft gar nicht anders als zu glauben, etwas entdeckt zu haben, das vor ihm noch kaum jemandem vergönnt war, zu sehen. Die geöffneten Patios geben den Blick frei auf mächtige, wehrhafte Mauern als Außenbegrenzung der Residenzen und legen noch heute Zeugnis ab von tiefem Zwist und bewaffneten Streitigkeiten zwischen den verschiedenen Adelsfamilien.

Seit 1895 gab es Pläne, die marode Altstadt zu sanieren, die engen Gassen zu beseitigen, durch breite Straßen zu ersetzen und ganze Stadtviertel zu

Verstopfte Verkehrsadern – ein alltägliches Schicksal

Der allgemeine Wohlstand, der mit dem Tourismus auf Mallorca Einzug gehalten hat, drückt sich auch in der Zahl der zugelassenen Kraftfahrzeuge aus. Einen Fuhrpark von insgesamt 686 917 Fahrzeugen (Stand 2007) leisten sich die Mallorquiner (OST 2010). Die Mietwagen für Touristen haben daran nur einen sehr geringen Anteil. Auf 1 000 Einwohner kommen sage und schreibe 844 Kraftfahrzeuge (in Deutschland sind es nur 600). Damit hat Mallorca den höchsten Motorisierungsgrad Spaniens und einen der höchsten weltweit. Das Straßennetz nimmt sich dagegen (noch) bescheiden aus. Auf 100 km^2 Inselfläche kommen 43 km Straße. Dieses Missverhältnis führt zu einer sehr hohen Verkehrsdichte: 400 Kraftfahrzeuge pro km Straße sorgen dafür, dass die Insel tagtäglich, vor allem im Ballungsraum Palma, gleich mehrmals am Rande eines Verkehrskollapses steht. Zu den auch in Mitteleuropa üblichen allmorgendlichen und -abendlichen Rushhourzeiten ächzt die Insel auch noch zu Beginn und am Ende der Mittagspause (Siesta) traditionell zwischen halb zwei und halb drei bzw. zwischen vier und halb sechs unter dem Motorenlärm schier endloser Autokolonnen im Stop-and-go-Verkehr und Hupkonzerten nervöser, hungriger Verkehrsteilnehmer. Wer sich aus Unwissenheit oder Verkettung unglücklicher Umstände an den Stätten dieses alltäglichen Wahnsinns in den Verkehr einreiht, wird nur durch die hoch über dem Geschehen und weit davon entfernt thronende Serra de Tramuntana daran erinnert, dass er sich eigentlich auf der Isla de la Calma, der Insel der Ruhe, befindet. Um Abhilfe zu schaffen, wurden seit 2004 in zahlreichen Großprojekten die bestehenden Autobahnen, die Palma mit dem Rest der Insel verbinden, verlängert. Sogar ein zweiter Autobahnring rund um Palma taucht wie ein Gespenst seit Jahren immer wieder in der Diskussion der Planer auf. Dagegen allerdings regt sich erheblicher Widerstand in der Bevölkerung. Unter landschaftsplanerischen und Umweltaspekten wäre der Ausbau des öffentlichen Nahverkehrs sicher der richtigere Weg. Im statistischen Mittel transportiert ein Pkw auf der Insel nur 1,2 Insassen. Wie im Oktober 2010 von der Naturschutzorganisation der Balearen (GOB) in der Innenstadt von Palma vorgeführt wurde, befördern 64 Autos nur 77 Personen, nehmen aber eine Fläche von 800 m^2 ein und stoßen 10,2 kg CO_2/km aus. Ein für 90 Personen zugelassener Bus nimmt nur eine Fläche von 30 m^2 ein und gibt lediglich 62 g CO_2/km ab. Ein enormer erster Schritt in die richtige Richtung war daher der Bau der U-Bahn von Palma (Metro de Palma), die von der Innenstadt auf 8,5 km Länge zur Universität führt, neun Bahnhöfe ansteuert und 2007 in Betrieb genommen wurde. Ein Ausbau des Schienennetzes wird derzeit diskutiert. Neben Madrid, Barcelona, Valencia und Bilbao ist Palma eine der ganz wenigen spanischen Städte mit einer U-Bahn.

schleifen, um neue schaffen zu können. Bis in die 1980er Jahre wurde diese Diskussion unter Stadtplanern geführt. Zum Glück für Palmas historischen Kern, der einer der größten in Europa ist, fehlte für die ehrgeizigen Projekte das Geld. Schlendert man heute durch den in großen Teilen restaurierten, historischen Teil der Stadt, der viel von dem mallorquinischen Stadtleben vergangener Zeiten erahnen lässt, erscheinen solche Ideen schlicht abstrus. Wer Palmas Altstadt aber aus der Zeit Ende der 1980er Jahre kennt, den baufälligen Zustand der vielen menschenunwürdigen Behausungen, die Elendsviertel, in die man sich als ortsunkundiger Urlauber unversehens verirren konnte, versteht die Beweggründe. Dank dem touristischen Aufschwung füllten sich die öffentlichen Kassen, und die Einsicht setzte sich durch, dass „Qualitätstourismus" nicht mit einem historischen Schandfleck in der Hauptstadt vereinbar war. Umfangreiche Sanierungsarbeiten begannen und werden bis zum heutigen Tag fortgesetzt. Im Lauf der 1990er und 2000er Jahre wurde so ein großer Teil des in Hülle und Fülle vorhanden geschichtsträchtigen Kulturgutes vor dem Verfall gerettet. Heute ist Wohn- und Geschäftsraum in der Altstadt wieder gefragt. Auch hochwertige touristische Infrastrukturen (Kunsthandwerkläden, Luxushotels, Restaurants) haben die sanierten Gebäude bezogen und hauchen ihnen Leben ein. Palmas Altstadt ist weit davon entfernt, ein Freilichtmuseum für Urlauber geworden zu sein. Sie ist eine belebte Stadt mit Wohn- und Lebensraumqualität, ist Identifikationsraum und Treffpunkt der mallorquinischen Bevölkerung, Stätte der Begegnung zwischen Einheimischen und Fremden und vielversprechendes Terrain für Entdeckungstouren auf der Suche nach dem unverfälschten mallorquinischen Leben.

Es gibt keine Massentouristen: vom Ende einer Spezies

Es gibt keine speziellen Massentouristen, weder auf Mallorca noch sonst wo auf der Welt. Es gibt auch keine speziellen Qualitätstouristen, zumindest dann nicht, wenn darunter finanziell sehr gut gestellte Touristen verstanden werden, die naturgemäß in den meisten Urlaubsgebieten in kleinerer Anzahl vorkommen als Touristen mit schmaleren Geldbeuteln. Wie viel der Urlaub auch immer kosten mag, ob in einfachen Hotels oder in Luxusvillen untergebracht, jeder einzelne Urlauber ist immer und überall zwangsläufig ein Teil der „Gesamtmasse Urlauber" und damit ein Massentourist. Wird ein Qualitätstourist nicht über seine potenzielle Finanzkraft definiert, sondern über sein persönliches umwelt- und sozialverträgliches Verhalten, dann gibt es sehr wohl Qualitätstouristen. Wo Menschen vorkommen, formen sie den Raum nach ihren Ansprüchen, und dabei hinterlassen sie Spuren. Ihre Abdrücke sind umso deutlicher erkennbar, je mehr von ihnen auf engem Raum vorkommen. Natürlich hat der Erholung und Urlaub suchende Mensch auf Mallorca und vor allem an den Küsten unauslöschliche Spuren hinterlassen. An vielen Stellen ist nichts mehr wie es war. Aber die Nachfrage nach einem Hotelplatz ist keine Umweltsünde, auch dann nicht, wenn sie millionenfach erfolgt. Eine solche liegt aber dann vor, wenn, wie auf Mallorca geschehen, die Verantwortlichen offenbar keinen Plan hatten. Zumindest war das zu Beginn des ersten Booms der Fall und aufgrund der überraschend einsetzenden Entwicklung auch noch verständlich. Fehlende Planung und mangelnde Voraussicht sorgten aber nicht nur in dieser frühen Phase für ein chaotisches Zubetonieren vieler Küstenabschnitte, sondern zogen sich wie ein roter Faden durch die gesamte touristische Entwicklung Mallorcas. Nie wurde auch nur ansatzweise die wirtschaftliche Notwendigkeit und ökologische Verträglichkeit der gigantischen touristisch motivierten Bauentwicklung überprüft. Angesichts des Betonchaos fragten sich Mayol und Machado 1992, ob grenzenloser Liberalismus oder Anarchie das Leitmotiv der Raumerschließung war? Die gleiche Frage könnte nun angesichts des immensen Landschaftsverbrauches durch den Bauboom bei Zweitwohnsitzen wieder gestellt werden. Die Balearenregierung ist möglicherweise im Begriff, ihr wichtigstes Wirtschaftskapital, die Insellandschaft, durch die zunehmende Zersiedlung zu verspielen. Gelingt es nicht, die qualitätstouristische Bebauung auch außerhalb der Schutzgebiete rechtzeitig räumlich zu begrenzen und zu beenden, dann läuft Mallorca Gefahr, keine Zukunft zu haben, sondern nur eine Gegenwart, die sich sehr rasch in eine dunkle Vergangenheit verwandeln könnte.

Epilog

Noch aber hat die Insel genügend Potenzial an weitgehend unerschlossenen, natürlichen, naturnahen und traditionellen Landschaftselementen, dass sie den Besucher über alle bisherigen Eingriffe hinwegsehen lässt. Das vielfältige Urlaubsangebot lässt keine Wünsche offen. Die nur 3 560 km^2 große Insel ist groß und großherzig genug, um viele Touristen gleichzeitig aufnehmen zu können und ihr individuelles Urlaubsglück finden zu lassen: Wandern zwischen Bergen und Buchten, Segeln und Surfen, ewig in der Sonne schmoren, abends auf die Pauke hauen, richtig sanfter Tourismus auf alten Fincas, Radwandern, Golfen. Und dabei kommen sich die unterschiedlichen Interessengruppen nicht einmal gegenseitig ins Gehege, wenn sie nicht wollen.

Das Schönste aber, was Mallorca zu bieten hat, ist sein einzigartiges landschaftliches Flair im zauberhaften Insellicht. Viele Kulturen und tausende von Jahren Zeit machten aus der Natur der Insel das Gesamtkunstwerk Mallorca. Mallorca ist weit mehr als nur eine Reise wert, ist spannend, tief- und hintergründig, kann und will entdeckt, nicht nur konsumiert werden.

Das können Sie nicht glauben? Machen Sie die Probe aufs Exempel! Lassen Sie sich vom Mythos Mallorca berühren.

Literatur

Alcover, J. A. (2008): The first Mallorcans: prehistoric colonization in the Western Mediterranean. Journal of World Prehistory 21: 19-84.

Álvarez, C. (o. J.): Evolució d'entrades d'espècies introduides en centres de recuperació de fauna dels Illes Balears en distnits períodes 2001-2006.

Artigues, A. A. (2006): Funcionalización turística y proceso de urbanización en la isla de Mallorca. In: Artigues, A. A. / Bauzà, A. / Blázquez, M. / González, J. M. / Murray, I. / Rullan, O. (ed.): Introducción a la geografía urbana de las Illes Balears. Palma de Mallorca.

Bär, W. F. / Fuchs, F. / Nagel, G. (1986): Lluc/Sierra Norte (Mallorca). Karst einer mediterranen Insel mit alpidischer Struktur. Zeitschrift für Geomorphologie N.F., Suppl.-Bd. 59: 27-48.

Blondel, J. / Aronson, J. (1999): Biology and wildlife of the Mediterranean region. Oxford.

Blondel, J. (2008): On humans and wildlife in Mediterranean islands. Journal of Biogeography 35: 509-518.

Bolòs, O. de / Molinier, R. (1958): Recherches phytosociologiques dans l'ile de Majorque. Collectanea Botanica 5: 699-865.

Bover, P. / Alcover, J. A. (2002): Understanding late quaternary extinctions: the case of Myotragus balearicus (Bate, 1909). Journal of Biogeography 30: 771-781.

Bover, P. / Alcover, J. A. (2008): Extinction of the autochthonous small mammals of Mallorca (Gymnesic island, Western Mediterranean) and its ecological consequences. Journal of Biogeography 35: 1112-1122.

Candela, L. / Wallis, K. J. / Mateos, R. M. (2007): Non-point pollution of groundwater from agricultural activities in Mediterranean Spain: the Balearic Island case study. Environmental Geology 54 (3): 587-595.

Carbonero, M. A. (1984): Terrasses per al cultiu irrigat i distribució social de l'aigua a Banyalbufar (Mallorca). Documents d'anàlisi geogràfica 4: 31-68.

Cardona, M. A. / Contandriopoulos, J. (1979): Endemism and evolution in the islands of the Western Mediterranean. In: Bramwell, D. (ed.): Plants and Islands: 133-169. London.

CITTIB (2008): Dades informatives 2008. El turisme a les Illes Balears. Palma de Mallorca.

Consell de Mallorca (o. J.): Cultural Landscape of the Serra Tramuntana. Proposal for the inscription in the World Heritage List (UNESCO). Volume I. Palma de Mallorca.

Conselleria d'Agricultura i Pesca (2002): Cens Agrari 1999. Illes Balears. Palma de Mallorca.

Conselleria d'Agricultura i Pesca (2009): Estadístiques bàsiques de l'agricultura, la ramaderia i pesca de les Illes Balears 2008.

Conselleria de Cultura, Educació i Esports (1995): Atles de les Illes Balears. Palma de Mallorca.

Conselleria de Medi Ambient (o. J.): El Ferreret, un illenc genuí. Galeria Balear d'Espècies. Colleccio 2. Palma de Mallorca.

Conselleria de Medi Ambient (2002): Catàleg de biodiversitat del parc natural de S'Albufera de Mallorca. Inventaris tècnics de biodiversitat 3. Palma de Mallorca.

Conselleria de Medi Ambient (2005): Parc natural de S'Albufera de Mallorca. Guia de passeig. Palma de Mallorca.

Conselleria de Medi Ambient (2007): Pla de recuperació del Ferreret. Quaderns de Natura 21. Palma de Mallorca.

Conselleria de Medi Ambient (2008): Flors del Puig Major. Galeria Balear d'Espècies. Collecció 5. Palma de Mallorca.

Conselleria de Medi Ambient (2009): Fauna endèmica: evidència d'evolució. Galeria Balear d'Espècies. Collecció 6. Palma de Mallorca.

Conselleria de Medi Ambient (2010): Estat del Medi Ambient de les Illes Balears 2006-2007. Palma de Mallorca.

Conselleria de Treball i Formació (2008): Anuari estadístic municipal de les Illes Balears. Principals indicadors sociolaborals. Any 2009. Palma de Mallorca.

Conselleria de Turisme (2006): El sector turístico balear en 2006. Colección Estudis Turístics. Palma de Mallorca.

Denominació d'Origin Binissalem (o. J.): Binissalem Mallorca Denominció d'Origin. (http://www.binissalemdo.com)

Erzherzog Ludwig Salvator (1897): Die Balearen. 2 Bände. Würzburg und Leipzig.

Friedrich, K. / Kaiser, C. (2001): Rentnersiedlungen auf Mallorca. Europa Regional 9 (4): 204-211.

Fundación BBVA (2009): La población de les Illes Balears. Cuadernos de Población 41.

Garcia-Castellanos, D. / Estrada, F. / Jiménez-Munt, I. / Corini,C. / Fernàndez, M. / Vergés, J. / De Vicente, R. (2009): Catastrophic flood of the Mediterranean after the Messinian salinity crisis. Nature 462: 778-782.

Gibbons, W. / Moreno, T. (2002): The Geology of Spain. London.

Giessner, K. (1990): Remarks upon the geo-ecological control factors of the fluvial morphodynamic in the Mediterranean Subtropics. Geoökodynamik 11 (1): 17-43.

Giessner, K. (2000): Tiefenstruktur, Genese, Dynamik und marin-ökologische Belastungsprobleme des Mittelmeeres. Petermanns Geographische Mitteilungen 144 (6): 6-21.

GOB (o. J.): Estudio de los impactos de la actividad económica en Mallorca sobre el mar. Palma de Mallorca

González, J. M. (2006): Geografía urbana de Palma: la actividad turística en la forma y el desarrollo de la ciudad. In: Artigues, A. A. / Bauzà, A. / Blázquez, M. / González, J. M. / Murray, I. / Rullan, O. (ed.): Introducción a la geografía urbana de las Illes Balears. Palma de Mallorca.

Greuter, W. (1995): Origin and peculiarities of Mediterranean island floras. Ecologia Mediterranea 11 (1/2): 1-10.

Grimalt, M. / Rodriguez-Perea, A. / Servera, J. / Rodriguez, R. (1991): Libro-Guia de las excursiones de las VII jornadas de campo de geografia fisica, 20-22 Marzo 1991. Universitat Illes Balears. Palma de Mallorca.

Hammer, U. E. / Oliver, T. / Schauhoff, F. (Hrsg.) (1999): Mallorca. Kultur und Lebensfreude. Köln.

Hof, A. / Schmitt, T. (2008): Flächenverbrauch durch Qualitätstourismus auf Mallorca. Analyse und Bewertung im Kontext der Entwicklungsziele der Calvià Agenda Local 21. Europa Regional 16 (4): 167-177.

Hofrichter, R. (Hrsg.) (2002): Das Mittelmeer. Fauna, Flora, Ökologie. Band I: Allgemeiner Teil. Heidelberg, Berlin.

Hsü, K. J. (1984): Das Mittelmeer war eine Wüste. München.

IBESTAT (Institut d'Estadística de les Illes Balears) (2010): Les Illes Balears en xifres. Palma de Mallorca.

IRFAP (Institut de recerca i formació agrària i pesquera) (o. J.): Colleció de varietats locals de cultuis llenyosos. (http://www.caib.es/sacmicrofront/contenido.do?mkey=M65&lang=CA&cont=2031)

Jaume, J. (2007): El cerdo negro mallorquin. Feagas 31: 35-44.

Jaume, J. / Gispert, M. / Oliver, M. A. / Fàbrega, E. / Trilla, N. / Tibau, J. (2008): The Mallorcan black pig: production system, conservation and breeding strategies. Options Méditerranéennes Series A, No. 78: 257-262.

Jenkyns, H. C. / Sellwood, B. W. / Pomar, L. (1990): A field excursion guide to the island of Mallorca. London.

Karim, T. / Igel, W. / Esobar, M. / Candela, L. (2008): Analysis of water use patterns and conflicts in the Sa Pobla Plain and Alcuida Bay (Majorca, Spain). Options Méditerranéennes 83: 131-142.

Kelletat, D. (1980): Formenschatz und Prozeßgefüge des „Biokarstes" an der Küste von Nordost-Mallorca (Cala Guya). In: Hofmeister, B. / Steinecke, A. (Hrsg.): Beiträge zur Geomorphologie und Länderkunde. Berliner Geographische Studien 7: 99-113. Berlin.

Manera, C. / Molina de Dios, R. (2008): La „atmósfera industrial" del calzado de Mallorca, 1970-2002. IX Congreso Internacional de la Asociación Espana de Historia Económica. Murcia.

Mayol, J. / Machado, A. (1992): Medi ambient, ecologia I turisme a les Illes Balears. Manuals d'introducció a la naturalesa 10. Palma de Mallorca.

Moragues, E. (2010): Aproximació a la flora vascular introduida de les Illes Balears. In: Álvarez, C. (ed.): Seminari sobre espècies introduides i invasores a les Illes Balears.

Observatori sobre Sostenibilitat i Territori (OST) (2010): Els indicators de sostenibilitat socioecòlogica de les Illes Balears. Palma de Mallorca.

Palombo, M. R. / Bover, P. / Valli, A. M. F. / Alcover, J. A. (2006): The Plio-Pleistocene endemic bovids from the Western Mediterranean islands: knowledge, problems and perspectives. Hellenic Journal of Geosciences 41: 153-162.

Pérez-Obiol, R. / Sáez, L. / YII, E. I. (2003): Vestigis florístics postglacials a les Illes Balears i dinàmica de la vegetació holocènica. Orsis 18: 77-94.

PRAIB (Patronat per la recuperació i defensa de les races autòctones de les Illes Balears) (o. J.): Patronat de les races autòctones de les Illes Balears. (http://www.racesautoctones.com)

Quézel, P. (1985): Definition of the Mediterranean region and origin of its flora. In: Gomez-Campo, C. (ed.): Plant conservation in the Mediterranean area: 9-24. Dordrecht.
Sabat, F. / Munoz, J. A. / Santanach, P. (1988): Transversal and oblique structures at the Serres de Llevant thrust belt (Mallorca Island). Geologische Rundschau 77 (2): 529-538.
Sáez, L. / Roselló, J. A. (2001): Llibre vermell de la flora vascular de les Illes Balears. Documents Tècnics de Conservació 9. Conselleria de Medi Ambient. Palma de Mallorca.
Salvà, P. A. (1993): Changes and perspectives in agricultural land use and their geoecological consequences for the mountain of Mallorca island. Pirineos 141/142: 85-96.
Schmitt, T. (1999): Ökologische Landschaftsanalyse und -bewertung in ausgewählten Raumeinheiten Mallorcas als Grundlage einer umweltverträglichen Tourismusentwicklung. Erdwissenschaftliche Forschung 37.
Schmitt, T. (2002): Biodiversität – Faktoren und Verteilungsmuster der Gefäßpflanzenvielfalt im Mittelmeerraum. Praxis Geographie 32 (7-8): 27-33.
Schmitt, T. (2008): Mikroarealophyten auf Mallorca – Diversität und Gefährdung. Floristische Rundbriefe 42: 119-132.
Schmitt, T. / Blàzquez, M. (2003): Der dritte Tourismusboom auf Mallorca (1991-2000) – zukunftsweisender Trend oder überschrittener Zenit? Tourismus-Journal 7 (4): 505-522
Seguí, B. / Payeras, L. / Ramis, D. / Martínez, A. / Delgado, J. V. / Quiroz, J. (2005): La cabra salvaje mallorquina: origen, genética, morfología, notas ecológicas e implicaciones taxonómicas. Bulletí Sociedad Historía Naturals Balears 48: 121-151.
Servera, J. / Martín, J. A. / Roselló, J. / Rodriguez-Perea, A. (1994): Análisis de la regeneración de playas por medio de trampas-barrera en Cala Agulla (Mallorca). In: Arnáez, J. / García, J. M. / Gómez, A. (eds.): Geomorfologia en Espana: 419-429. Logrono.
Servera, J. / Rodríguez-Perea, A. / Martín-Prieto, J. A. (2007): El sistema playa-duna de Es Trenc (Bahía de Campos). In: Fornós, J. J. / Ginés, J. / Gómez-Pujol, L. (eds.): Gemorfología Litoral: Migjorn y Llevant de Mallorca. Mon. Soc. Historía Naturals Balears 15: 105-124.
Suc, J.-P. (1984): Origin and evolution of the Mediterranean vegetation and climate in Europe. Nature 307: 429-432.
Terral, J. F. / Alonso, N. / Buxó, R. / Chatti, N. / Fabre, L. / Fiorentino, G. / Marinval, P. / Pérez, G. / Pradat, B. / Rovira, N. / Alibert, P. (2004): Historical biogeography of olive domestication (Olea europaea L.) as revealed by geometrical morphometry applied to biological and archaeological material. Journal of Biogeography 31: 63-77.

Bildnachweis

Grafiken: Graphik & Text Studio Dr. Wolfgang Zettlmeier
Alle Fotos, die im Folgenden nicht aufgeführt sind, stammen von den Autoren.

S. 2: Petra Emmerich
S. 4: Quelle: ESTOP
S. 7: Simon Wiggen
S. 10: Simon Wiggen
S. 12: Quelle: http//commons.wikimedia.org/wiki/File:Tectonic_map_Mediterranean_EN.swg
S. 16: Quelle: http://jan.ucc.nau.edu/~rcb7/latemiomed.jpg
S. 17: Nach Giessner, K. (2000): Tiefenstruktur, Genese, Dynamik und marin-ökologische Belastungsprobleme des Mittelmeeres. Petermanns Geographische Mitteilungen 144 (6): 6-21
S. 21: Nach Palombo, M. R. / Bover, P. / Valli, A. M. F. / Alcover, J. A. (2006): The Plio-Pleistocene endemic bovids from the Western Mediterranean islands: knowledge, problems and perspectives. Hellenic Journal of Geosciences 41: 153-162
S. 23: Nach Alcover, J. A. (2008): The first Mallorcans: prehistoric colonization in the Western Mediterranean. Journal of World Prehistory 21: 19-84
S. 28: Nach Schmitt, T. (1999): Ökologische Landschaftsanalyse und -bewertung in ausgewählten Raumeinheiten Mallorcas als Grundlage einer umweltverträglichen Tourismusentwicklung. Erdwissenschaftliche Forschung 37
S. 32: Nach Schmitt, T. (1999): Ökologische Landschaftsanalyse und -bewertung in ausgewählten Raumeinheiten Mallorcas als Grundlage einer umweltverträglichen Tourismusentwicklung. Erdwissenschaftliche Forschung 37
S. 36: Till Kasielke
S. 40: Nach Bär, W. F. / Fuchs, F. / Nagel, G. (1986): Lluc/Sierra Norte (Mallorca). Karst einer mediterranen Insel mit alpidischer Struktur. Zeitschrift für Geomorphologie N. F., Suppl.-Bd. 59: 27-48
S. 41: Sebastian Wolf
S. 44: Daten: Conselleria d'Agricultura i Pesca 2002
S. 50: Nach Carbonero, M. A. (1984): Terrasses per al cultiu irrigat i distribució social de l'aigua a Banyalbufar (Mallorca). Documents d'anàlisi geogràfica 4: 31-68
S. 51: ESTOP
S. 55: Quelle: http://www.mallorcawindmills.com/maps/density.gif
S. 77: Elisa Michel
S. 86: Quelle: Conselleria de Cultura, Educació i Esports 1995
S. 89: Quelle: Conselleria de Cultura, Educació i Esports 1995
S. 93: Till Kasielke
S. 94: Sebastian Wolf

S. 98: Daten: Institut d'Estadística de les Illes Balears 2010
S. 99: Daten: GOB (o. J.)
S. 100: Benjamin Zimmermann
S. 105: Nach Schmitt, T. (1999): Ökologische Landschaftsanalyse und -bewertung in ausgewählten Raumeinheiten Mallorcas als Grundlage einer umweltverträglichen Tourismusentwicklung. Erdwissenschaftliche Forschung 37
S. 106: Quelle: Conselleria de Cultura, Educació i Esports 1995
S. 110: Nach Schmitt, T. (1999): Ökologische Landschaftsanalyse und -bewertung in ausgewählten Raumeinheiten Mallorcas als Grundlage einer umweltverträglichen Tourismusentwicklung. Erdwissenschaftliche Forschung 37
S. 113: Sebastian Wolf
S. 114: Ergänzt nach Schmitt, T. (1999): Ökologische Landschaftsanalyse und -bewertung in ausgewählten Raumeinheiten Mallorcas als Grundlage einer umweltverträglichen Tourismusentwicklung. Erdwissenschaftliche Forschung 37
S. 116: Elisa Michel
S. 117: Elisa Michel
S. 118: Till Kasielke
S. 120: Lisa Rüdiger
S. 124: Benjamin Zimmermann
S. 129: Elisa Michel
S. 131: Nach Giessner, K. (1990): Remarks upon the geo-ecological control factors of the fluvial morphodynamic in the Mediterranean Subtropics. Geoökodynamik 11 (1): 17-43
S. 134: Till Kasielke
S. 136: Daten: Conselleria de Medi Ambient 2009, 2010
S. 138: Nach Schmitt, T. (2008): Mikroarealophyten auf Mallorca – Diversität und Gefährdung. Floristische Rundbriefe 42: 119-132
S. 141: Nach Schmitt, T. (2002): Biodiversität – Faktoren und Verteilungsmuster der Gefäßpflanzenvielfalt im Mittelmeerraum. Praxis Geographie 32 (7-8): 27-33
S. 143: Matt Wilson
S. 144: Daten: Conselleria de Medi Ambient 2010
S. 147: Matt Wilson
S. 157: Plàcid Pérez Bru, *Wikimedia Commons, lizenziert unter* Reconeixement i Compartir Igual 3.0 No adaptada, *URL: http://www.google.de/imgres?imgurl=http://upload.wikimedia.org/wikipedia/commons/3/3d/GranHotelPalma.JPG*
S. 160: Nach Hof, A. / Schmitt, T. (2008): Flächenverbrauch durch Qualitätstourismus auf Mallorca. Analyse und Bewertung im Kontext der Entwicklungsziele der Calvià Agenda Local 21. Europa Regional 16 (4): 167-177
S. 165: Quelle: SITIBSA 2008
S. 168: Daten: Conselleria d'Economia, Comerç i Indústria 2002
S. 174: Quelle: ESTOP
S. 176: Benjamin Zimmermann
S. 180: Lisa Rüdiger
Hintere Umschlagsklappe innen: NASA World Wind – Used Filter: „NTL Landsat7 (Visible Color)"

Index

Weitere Sachbücher der Geowissenschaften

www.spektrum-verlag.de

2. Aufl. 2010, 192 S., 190 farb. Abb., geb.
€ [D] 39,95 /
€ [A] 41,07 / CHF 54,-
ISBN 978-3-8274-2594-2

J. Eberle, B. Eitel, W. D. Blümel, P. Wittmann

Deutschlands Süden

Süddeutschland gehört zu den abwechslungsreichsten Landschaften der Erde. Kaum eine andere Region bietet auf so engem Gebiet eine vergleichbare Vielfalt an Naturräumen. Sie erlebte in den letzten 140 Millionen Jahren tropische, subtropische und arktische Klimaphasen, deren Spuren bis heute in Teilen der Landschaft zu erkennen sind. Begeben Sie sich auf eine faszinierende Zeitreise durch Süddeutschland.

1. Aufl. 2009, 334 S., 236 farb. Abb., geb.
€ [D] 39,95 /
€ [A] 41,07 / CHF 54,-
ISBN 978-3-8274-1875-3

Norbert W. Roland

Antarktis

Antarktika ist ein Kontinent der Extreme und der Superlative, lebensfeindlich und doch von faszinierender Schönheit. Rohstoffe aus der Antarktis galten als große Hoffnung. Heute ist Antarktika die am besten geschützte Region der Erde. Dieses Buch ist nicht nur eine Einführung in die Geologie der Antarktis, es erläutert fachübergreifende Zusammenhänge – und es möchte dem Leser die Antarktis in all ihrer Faszination und mit all ihren Besonderheiten näher bringen.

1. Aufl. 2011, 340 S., 480 farb. Abb., geb.
€ [D] 39,95 /
€ [A] 41,07 / CHF 54,-
ISBN 978-3-8274-2326-9

Jürgen Ehlers

Das Eiszeitalter

Was sich im Eiszeitalter abgespielt hat, kann nur aus Spuren rekonstruiert werden, die im Boden zurückgeblieben sind. Die Eiszeit hat andere Schichten hinterlassen als andere Erdzeitalter. Das Buch beschreibt die Prozesse, unter denen sie gebildet worden sind, und die Methoden, mit denen man sie untersuchen kann. Die Arbeit des Geowissenschaftlers gleicht dabei der eines Detektivs, der aus Indizien den Ablauf des Geschehens rekonstruieren muss. Von den in diesem Buch vorgestellten Untersuchungsergebnissen werden einige zum ersten Mal veröffentlicht.

1. Aufl. 2011
189 S., 283 farb. Abb., geb.
€ [D] 39,95 / € [A] 41,07 / CHF 54,-
ISBN 978-3-8274-2757-1

Ewald Langenscheidt, Alexander Stahr

Berchtesgadener Land und Chiemgau

Im Mittelpunkt dieses Buches steht die Landschaftsgeschichte zweier Regionen in Deutschland, die Jahr für Jahr Millionen Menschen aus aller Welt in ihren Bann ziehen und begeistern: das Berchtesgadener Land und der Chiemgau. Jeder kennt den Watzmann, aber welche Kräfte haben dieses gewaltige Bergmassiv emporgehoben und geformt? Welche Prozesse haben so bekannte Gewässer wie den Königssee oder das bayerische Meer – den Chiemsee – geschaffen?
Die Autoren liefern in anschaulicher Weise Antworten auf diese Fragen und erläutern allgemein verständlich erdgeschichtliche Zusammenhänge über Jahrmillionen von zwei unmittelbar verbundenen Landschaften. Auch das Wirken des Menschen in der Landschaft sowie deren Nutzung und Umgestaltung machen die beiden Autoren fassbar und verdeutlichen die enge Beziehung zwischen Mensch und Landschaft.

▸ Ausführliche Informationen unter www.spektrum-verlag.de

Spektrum AKADEMISCHER VERLAG